JN017136

Earth for All
万人のための地球

Earth for All: A Survival Guide for Humanity: A Report to the Club of
Rome (2022), Fifty Years After *The Limits to Growth* (1972)

『成長の限界』から50年
ローマクラブ新レポート

監訳 　　　　　監修 　　　　　　訳
武内和彦 　　ローマクラブ日本 　　森秀行／高橋康夫
　　　　　　　　　　　　　　　　　　 ほか

著
S.ディクソン=デクレーブ／O.ガフニー／J.ゴーシュ
J.ランダース／J.ロックストローム／P.E.ストックネス

丸善出版

Original title: EARTH FOR ALL

Copyright © 2022 by The Club of Rome. All rights reserved.
Written by Sandrine Dixson-Declève, Owen Gaffney, Jayati Ghosh,
Jorgen Randers, Johan Rockström, and Per Espen Stoknes
Japanese translation rights arranged with NEW SOCIETY PUBLISHERS
through Japan UNI Agency, Inc.

目　次

本書に貢献した人々

主著者

Sandrine Dixson-Declève, Owen Gaffney, Jayati Ghosh, Jorgen Randers, Johan Rockström, Per Espen Stoknes

執筆協力者

21世紀変革のための経済学委員会（Transformational Economics Commission, TEC）
委員：Anders Wijkman, Hunter Lovins, Dr. Mamphela Ramphele, Ken Webster

寄稿者

Nafeez Ahmed（TEC）, Lewis Akenji（TEC）, Sharan Burrow（TEC）, Robert Costanza（TEC）, David Collste, Emmanuel Faber（TEC）, Lorenzo Fioramonti（TEC）, Eduardo Gudynas（TEC）, Andrew Haines（TEC）, Gaya Herrington（TEC）, Garry Jacobs（TEC）, Till Kellerhoff, Karthik Manickam, Anwesh Mukhopadhyay, Jane Kabubo-Mariara（TEC）, David Korten（TEC）, Nigel Lake, Masse Lo, Chandran Nair（TEC）, Carlota Perez（TEC）, Kate Pickett（TEC）, Janez Potočnik（TEC）, Otto Scharmer（TEC）, Stewart Wallis（TEC）, Ernst von Weizsäcker（TEC）, Richard Wilkinson（TEC）

データ統合，システム分析，モデリングチーム

Jorgen Randers, Ulrich Golüke, David Collste, Sarah Mashhadi, Sarah Cornell, Per Espen Stoknes, Jonathan Donges, Dieter Gerten, Jannes Breier, Luana Schwarz, Ben Callegari, Johan Rockström

関連する Deep Dive ペーパーの作成支援（WWW.EARTH4ALL.LIFE）

Nafeez Ahmed, Shouvik Chakraborty, Anuar Sucar Diaz Ceballos, Debamanyu Das, Jayati Ghosh, Gaya Herrington, Adrina Ibnat Jamilee Adiba, Nigel Lake, Masse Lô, Chandran Nair, Rebecca Nohl, Sanna O'Connor, Julia Okatz, Kate Pickett, Janez Potočnik,

Dr. Mamphela Ramphele, Otto Scharmer, Anders Wijkman, Richard Wilkinson, Jorgen Randers, Ken Webster

エディター
Joni Praded, Ken Webster, Owen Gaffney, and Per Espen Stoknes

Earth4All プロジェクトの管理／支援
Per Espen Stoknes（科学的研究パッケージ）, Sandrine Dixson-Declève, Anders Wijkman（TEC）, Owen Gaffney（コミュニケーション）, Till Kellerhoff（調整）

Earth4All のキャンペーンチーム／ブックストーリー作成
Philippa Baumgartner, Rachel Bloodworth, Liz Callegari, Lena Belly-Le Guilloux, Andrew Higham, Nigel Lake, Luca Miggiano, Zoe Tcholak-Antitch

謝辞
Azeem Azhar, Tomas Björkman, Alvaro Cedeño Molinari, John Fullerton, Enrico Giovannini, Maja Göpel, Steve Keen, Connie Hedegaard, Sunita Narain, Julian Popov, Kate Raworth, Tom Cummings, Petra Künkel, Grace Eddy, Megan McGill, Roberta Benedetti, Vaclav Smil, Julia Kim, Roman Krznaric, Sir Lord Nicholas Stern, Andrea Athanas, Kaddu Sebunya

資金提供
Angela Wright Bennett Foundation, Global Challenges Foundation, Laudes Foundation, Partners for a New Economy

グラフィックス
Les Copland, Philippa Baumgartner

21 世紀変革のための経済学委員会委員
Nafeez Ahmed, Director of Global Research Communications, RethinkX; and Research Fellow, Schumacher Institute for Sustainable Systems
Lewis Akenji, Managing Director, Hot or Cool Institute
Azeem Azhar, Founder, Exponential View
Tomas Björkman, Founder, Ekskäret Foundation
Sharan Burrow, General Secretary, International Trade Union Confederation（ITUC）
Alvaro Cedeño Molinari, Former Costa Rican Ambassador to Japan and the WTO
Robert Costanza, Professor of Ecological Economics, Institute for Global Prosperity（IGP）at University College London（UCL）
Sandrine Dixson-Declève, Co-President, The Club of Rome and Project Lead, Earth4All
Emmanuel Faber, Chair, International Sustainability Standards Board

Lorenzo Fioramonti, Professor of Political Economy, and Member of the Italian Parliament

John Fullerton, Founder and President, Capital Institute

Jayati Ghosh, Professor of Economics, University of Massachusetts Amherst, USA; formerly at Jawaharlal Nehru University, New Delhi

Maja Göpel, Political economist and transformation researcher

Eduardo Gudynas, Senior Researcher, Latin American Center on Social Ecology (CLAES)

Andy Haines, Professor of Environmental Change and Public Health, London School of Hygiene and Tropical Medicine

Connie Hedegaard, Chair, OECD's Roundtable for Sustainable Development, former European Commissioner

Gaya Herrington, Vice-President ESG Research at Schneider Electric

Tim Jackson, Professor of Sustainable Development and Director of CUSP, the Centre for the Understanding of Sustainable Prosperity at the University of Surrey

Garry Jacobs, President & CEO, World Academy of Art & Science.

Jane Kabubo-Mariara, President of the African Society for Ecological Economists,: ED, Partnership for Economic Policy

Steve Keen, Honorary Professor at University College London and ISRS Distinguished Research Fellow

Julia Kim, Program Director, Gross National Happiness Centre, Bhutan

Roman Krznaric, Public philosopher and author

David Korten, Author, speaker, engaged citizen, and president of the Living Economies Forum

Hunter Lovins, President, Natural Capital Solutions; Managing Partner, NOW Partners

Chandran Nair, Founder and CEO, The Global Institute for Tomorrow

Sunita Narain, Director-General Centre for Science and Environment, Delhi and editor, Down To Earth

Carlota Perez, Honorary Professor at IIPP, University College London (UCL); SPRU, University of Sussex and Taltech, Estonia.

Janez Potočnik, Co-chair of the UN International Resource Panel, former European Commissioner

Kate Pickett, Professor of Epidemiology, University of York

Mamphela Ramphele, Co-President, The Club of Rome

Kate Raworth, Renegade economist, creator of the Doughnut of social and planetary boundaries, and co-founder of Doughnut Economics Action Lab.

Jorgen Randers, Professor Emeritus of Climate Strategy, BI Norwegian Business School

Johan Rockström, Director of the Potsdam Institute for Climate Impact Research

Otto Scharmer, Senior Lecturer, MIT, and Founding Chair, Presencing Institute

Ernst von Weizsäcker, Honorary President, The Club of Rome

Stewart Wallis, Executive Chair, Wellbeing Economy Alliance

Ken Webster, Director, International Society for Circular Economy

Anders Wijkman, Chair of the Governing Board, Climate-KIC, Honorary President, The Club of Rome

翻訳者・翻訳協力者一覧

監訳

武内和彦　　公益財団法人地球環境戦略研究機関（IGES）理事長

監修

ローマクラブ日本

翻訳

森秀行　　　IGES 特別政策アドバイザー（第 1 章，第 2 章，全体統括）
津高政志　　IGES シニアプログラムコーディネーター（第 3 章）
小野田真二　IGES サステイナビリティ統合センターリサーチマネージャー（第 4 章）
眞鍋由実　　IGES 役員秘書（第 5 章）
渡部厚志　　IGES 持続可能な消費と生産領域プログラムディレクター（第 6 章）
髙橋健太郎　IGES 気候変動とエネルギー領域副ディレクター（第 7 章）
伊藤伸彰　　IGES 統括研究ディレクター／プリンシパルフェロー（第 8 章）
高橋康夫　　IGES 所長（第 9 章）
北村恵以子　IGES 出版マネージャー（付録，全体調整）

レビュー

西岡秀三（IGES 参与），甲斐沼美紀子（IGES 研究顧問），三好信俊（IGES 専務理事），
庄かなえ（IGES マーケティング・コミュニケーションズディレクター）

協力

川上毅（IGES 統括研究ディレクター／プリンシパルフェロー）

［所属・役職は 2022 年 9 月現在のもの］

序　文

クリスティアナ・フィゲレス

国連気候変動枠組条約（UNFCCC）前事務局長，パリ協定の立案者のひとり，
グローバル・オプティミズム共同創設者，
気候変動ポッドキャスト Outrage＋Optimism 共同司会者

　世界中の何百万もの人々が，気候災害，環境の悪化，そして耐え難い不平等の結果，大変に深刻な苦しみを味わっている．国際社会や市民社会は，あまりにも長い間，これら多くの問題をそれぞれ個別のものとして捉え，それぞれに独自の解決策があり，しばしば互いに競合しているものと認識し，そのように説明してきた．しかし，これらは実は「メタクライシス」，すなわち「より高次の危機」の異なる側面の現れなのである．

　『Earth for All 万人のための地球』は，こうした危機に団結して対処するための処方箋を示している．そして，それこそが本書を非常に重要な読み物としている．本書は，今こそ必要とされる強固で楽観に満ちた可能性のある道筋を示している．『万人のための地球』は，そこにある事実や現在の文脈をごまかすものではなく，また将来のバラ色のビジョンを提示するものでもない．本書が提示しているのは，互いに関連する問題に対し5つの「劇的な方向転換（extraordinary turnarounds）」をすることで，社会的緊張の増大，人間の苦しみの増大，環境破壊の増大を回避できるということである．

　これらの問題に向かい合うとき，それらが社会的・経済的な現実として立ち現れるだけでなく，もっと深くその根源において相互に関連していることを，この本は私たちに教えてくれる．気候の危機，自然の危機，不平等の危機，食料の危機，これらはすべてを外部から調達するという原理に基づく「採掘主義」という根本的原因を共有している．この「採掘主義」は，地球そのもの，

つまり地球自体の神髄（soils）を枯渇させるだけでなく，人間の魂（souls）も枯渇させてしまう．

　地球と社会を再生するために必要となる作業を前に進め，経済システムを反転させ，その変化を私たち自身の目で目撃するためには，私たちひとりひとりの内面も再生する必要があるのは明らかである．

　人類と地球のウェルビーイングを第一に考え，経済を変革するために必要な勇気を奮い起こすためには，豊かで楽観的なマインドセットが必要である．結局のところ，経済は私たち人間が設計したシステムである．しかし，現在のグローバル経済は，人間の内面や私たちにとって最も大切なものを長期にわたって無視してきた．そこでは，私たちは，協力ではなく競争に報い，自然とのバランスではなく環境破壊に報い，そして将来の世代のための長期的な平和と繁栄ではなく短期的な利益に報いてきた．

　これを反転させるためには，私たちひとりひとりの中にある目に見えない内なる世界も，自身と他者への思いやりと連帯感をもって，再生する必要がある．メタクライシスは，私たち自身の外に「外部的なもの」として存在するだけではなく，私たち自身の中に「内部的なもの」としても存在するからである．

　私が UNFCCC の事務局長を引き受けたとき，最初の記者会見で「気候変動に関する世界的な合意は可能だと思うか？」と尋ねられた．「私が生きているうちには無理だろう！」と，私はうっかり口にしてしまった．しかし，世の中の雰囲気を的確に反映したであろうその言葉を口にした瞬間，世界的な取り決めを実現するためには，自分の態度を改めていかねばならないと思った．私自身がその可能性の導き手にならねばならないと強く思った．そこで私は，まず自分自身から始めて，人々の意識を変えるための難しい作業に取りかかった．その道のりは長く，困難であり，何千人もの人々の協力を必要とした．しかしその結果，わずか数年後に，気候変動に関する歴史的なパリ協定が結ばれたのである．

　大規模なシステム変革は，意外にも個人的なものである．何を優先させるのか，何のために立ち上がろうとしているのか，それをどのように世界に示して

いくのか，それを決めるのは，私たちひとりひとりである．私たちは人類史の次の章の書き手なのである．

　それがゆえに，読者の皆さま，とくにあなたが地域，会社，あるいは都市の指導的な立場にあるなら，この最も優れた本に没入する前に，ちょっと立ち止まって振り返り，自分自身と向き合ってみてほしい．そして，あなた自身が自分の内部で成し遂げなければならない大きな飛躍について，慎重かつ意識的に考えてみてほしい．それで初めて，この『万人のための地球』がそのロードマップをとても親切に提示している劇的な大きな飛躍に，十分に貢献できるようになる．

序　文

エリザベス・ワトゥティ

気候変動活動家，グリーン・ジェネレーション・イニシアチブ創設者

　私の人生で，最も素晴らしく，最も印象に残った瞬間は，川のほとりに座って水の流れを見つめたり，風に揺れる木々を眺めたりしているときであった．そのような瞬間に，私たちは自然と本当につながっているのだと感じられる．自然は，私たちが呼吸する空気であり，口にして食べるものであり，私たちの健康やウェルビーイングにつながっている．自然の美しさは，私たちを幸せな気持ちにさせてくれる．そのようにして，私たちは安らぎを感じるのである．

　自然が破壊されるのを見ると，大きな怒りがこみあげてくる．毎日，子どもたちが学校の敷地に木を植える手伝いをしている間にも，世界ではこの指を鳴らすよりも速く，巨大な機械が森全体を切り倒し，輸出用の「富」を採取している．川は有害な化学物質やプラスチックで汚染され，川辺に座って喜びを感じたり，きれいな飲み水を手に入れたりすることができなくなっている．

　このような地球との環境破壊的な関係から生じる人道的危機は，急速に悪化している．貧困と不平等が，国と国との間に，そして国内に耐えがたい格差を生み出している．現在，アフリカの角（アフリカ大陸東部のインド洋と紅海に面した地域）の至るところで，何百万もの人々が気候に起因する飢餓に直面している．この状況は衝撃的である．私は，自分の母国であるケニアで，干ばつによって生命と生活が壊滅的な打撃を受けているのを，目の当たりにしてきた．そして未来への希望を失いつつあるワジール（ケニアの北東州にある町）のコミュニティを訪ね，彼らの話を聞いてきた．

　家畜を失い，大きな被害に苦しみながらも，このような農村地域の多くの人々は，気候危機の問題の大きさをまだ知らないでいる．彼らは，自分たちの経験している危機が，世界の経済システムが大きく崩壊した結果，国境をこえて世界中で起こっていることを知らないのである．

　一方で，世界の指導者たちは，自分たちが何を言われようとも，気候危機とそれが人々に与える壊滅的な影響による痛みを真に理解し，実感していないように思われる．彼らは，現在のシステムが多くの人にとって機能していないことに気づいていないように見える．

　私に最も多くのインスピレーションを与えてくれた人のひとりであるワンガリ・マータイ教授は，「（真実を）理解し，強く感じている私たちは疲れてはいけない．私たちは頑張らねばならない．知っている私たちには義務がある．妨害されても私たちは行動を起こさなければならない」と言った．

　私は，世界の指導者たちに，心を開いて，痛みと苦しみを感じてほしいと訴えた．真実に耳を傾け，共感を持って行動するよう彼らに呼びかけた．なぜなら，行動する意志は心の奥底から湧き上がってくるものだと信じているからである．私たちには，深く思いやり，そして行動する，人間としての能力が備わっているのである．

　もし私たちが心を開けば，変革に向けた行動の種は花開くだろう．私たちは，相互に関連したさまざまな危機に瀕する現在から，すべての人のために安定した気候，きれいな空気，きれいな水，そして食料が確保された未来へと大きく飛躍することができる．しかし，そのためには，私たちが考え方を変え，何が重要で，何が可能なのかという新たなストーリーを語り始める必要がある．だからこそ，本書で紹介するストーリーがとても重要である．この本のストーリーは，人々のウェルビーイングを解決策の中心に据えているからである．

　貧困をなくし同時に不平等に取り組み，私たちの社会が気候危機とその影響に効果的に対処することは，まさにワンガリ・マータイが勇気をもって植林活動を始めたときの立場と同じである．森林破壊を食い止めるためのマータイ教授の活動の中心は，女性に力を与えること，つまり女性たちに，燃料や食料，

住居，子どもの教育を支えるための収入を得る手段を提供することであった．

　『Earth for All 万人のための地球』は，この相互に関連した動きや考え方に参加するよう呼びかけるものである．それはまた，私たちが行うべき変革がいかに巨大なものであっても，私たちが構築したシステムを変えることは可能であると確信させてくれる．そして，本書はウェルビーイングと尊厳，そして協力と連帯を，どのようにして行動の根幹に据えるのかに関する新しいアイデアをたくさん提供してくれる．

　人々の声と変革のためのアイデアを世界の指導者に届ける強力な方法として，市民会議を開くという動きがある．私はこれが大好きで，そのような会議が何千と花開くことを願っている．マータイ教授の遺志と私自身の活動から，直面する困難にどれほど圧倒されようとも，人々は自ら主体的に自分たちの未来を切り開くことができると確信している．そして，私たちの指導者が心ある人々であることも確信している．指導者たちが心を開き，この本に書かれているような未来を実現するために，私たち全員が協力し合えるようになることを私は望んでいる．

　私は，あなたが美しい木や川を見つけ，その傍らに座ってこの本を手に取ることを心から願っている．

監訳者まえがき

　本書は，経済成長の限界を警告して世界的ベストセラーとなった『成長の限界』（*The Limits to Growth*）の出版から 50 年を経て，ローマクラブが 2022 年9 月に新たに発表したレポート *Earth for All: A Survival Guide for Humanity: A Report to the Club of Rome (2022), Fifty Years After The Limits to Growth (1972)* の日本語訳である．本レポートは，ローマクラブ，ポツダム気候影響研究所，ストックホルム・レジリエンス・センター，BI ノルウェー・ビジネス・スクールの協働により，2020 年に開始された国際イニシアチブ「万人のための地球（Earth for All）」が中心となって取りまとめたもので，新たなシステムダイナミクスモデルをもとに，世界の誰もがプラネタリーバウンダリーの範囲内でウェルビーイングを享受できる，持続可能でレジリエントな社会の実現に向けた道筋を示している．

　2015 年の国連サミットにおいて，持続可能な開発目標（SDGs）を中核とする「持続可能な開発のための 2030 アジェンダ」が採択され，世界中で取り組みが進められているが，2030 年までの目標達成には暗雲が垂れ込めている．地球温暖化や生物多様性の喪失に歯止めがかからず，また，COVID-19 パンデミックによる経済・社会への影響も深刻化している．さらには，ロシアのウクライナ侵攻により，世界の食料・エネルギー安全保障が大きく揺らいでいる．このように危機的な状況にある世界が，いかにして持続可能な未来に向けて歩みを進めることができるのか．

　本書はこうした問題意識を背景に，貧困，不平等，女性のエンパワメント，食料，エネルギーの5つの分野で今すぐに取り組むべき課題を明らかにし，具体的な解決策を示している．それらの解決策は相互に連関しており，背景にある経済システム全体を含めた「劇的な方向転換（extraordinary turnarounds）」を促すものである．危機の本質を鋭くとらえ，大胆かつ斬新な提言を示す本書は，持続可能な未来への道筋を模索する私たちに多くの示唆を与えてくれる．

　私が国連大学副学長在任中の2010年9月に，かつて『成長の限界』の取りまとめにあたったデニス・メドウズ博士を大学院創設記念シンポジウムに招聘する機会があり，地球環境戦略研究機関（IGES）葉山本部に程近い湘南国際村センターで約100名の大学院生たちと合宿しながら，人類がどのような未来をたどるべきか夜更けまで激論を交わしたことが，本書の監訳にあたって懐かしく思い出される．また，本書の著者のひとりで「プラネタリーバウンダリー」を提唱しているヨハン・ロックストローム博士とは長年にわたる交流があり，2018年には，彼と写真家のマティアス・クルムの著書を『小さな地球の大きな世界　プラネタリー・バウンダリーと持続可能な開発』（武内和彦・石井菜穂子監修）として丸善出版から翻訳出版した．本書は，それをさらに発展させて「プラネタリーバウンダリーという限界内での成長」という新しいパラダイム構築への挑戦を求めるものであり，再び丸善出版から翻訳出版されることになったことを嬉しく思う．

　本書は英語版に加えて，ドイツ語版，中国語版，韓国語版，イタリア語版での出版が予定されるなど，持続可能性への機運の高まりを反映して世界で大きな関心を集めている．本書の翻訳を，高橋康夫所長，森秀行特別政策アドバイザーをはじめ多くのIGES職員が担ったことは，大変意味のある貴重な機会であった．持続可能な未来への大きな一歩を力強く踏み出そうという本書のメッセージを，日本の読者の皆さまにも伝えることができれば幸いである．

公益財団法人地球環境戦略研究機関理事長

武内和彦

監修者まえがき

　ローマクラブは，1960 年代にアウレリオ・ペチェイ（当時，タイプライター会社オリベッティ副会長）が，人類は華々しい科学や技術の進歩に目を奪われて，無限の成長を求めるようになり，その裏で幾何級数的人口増加と食料・資源供給の乖離，環境汚染と自然破壊などが世界を揺るがし，人類社会に危機を招く重大問題（The Problematique と称した）であると訴えたことに始まる．ペチェイは，世界的な協力システムを一刻も早く構築すべきで，猶予は10 年しかないとして，世界に呼びかけ，1968 年に結成された[1]．

　しかし，観念論だけでは危機は理解されないとして，計量分析を MIT のジェイ・フォレスター教授に依頼した．研究室のデニス・メドウスをリーダーとする若い研究者チームが World3 モデルにより分析し，爆発的な人口増加，食料・資源枯渇，環境汚染により人類社会は破綻するとの結果を得，ローマクラブ第 1 号レポート『成長の限界』（*The Limits to Growth*）[2] として 1972 年に出版した．

　本書『万人のための地球』は，チームメンバーであったヨルゲン・ランダースが World3 の現代版 "Earth4All" を構築し，「世界経済」と「地球の生命維持システム」との関係性を分析し，「変革のための経済学委員会」の議論と合わせて，5 つの「劇的な方向転換」に焦点を当てた提言である．

　2017 年には，エルンスト・フォン・ワイツゼッカーらローマクラブ正会員35 名が，経済成長・金融至上主義，気候危機など深刻な Problematique を招

いた20世紀西欧型文明を総括的に顧みたレポート *Come On!*[3] が出版され，本書のベースとなっている．

　ローマクラブ日本（The Japanese Association of The Club of Rome）は，2019年に認証された新しい支部組織であるが，ローマクラブ草創期の半世紀前にはすでに，大来佐武郎が日本から正会員・本部執行委員として参画している．大来は，地球規模のProblematiqueの解決は，非政府組織であるローマクラブには各国政府の拘束力がないため，国連が担うべきであると提言．日本政府からの提案としてWorld Commission on Environment and Developmentを進言し，国連内に設置された．これがブルントラント委員会である．その報告書 *Our Common Future* で生まれたのが，今では当たり前となった"Sustainable Development"の概念である．これがのちに地球憲章，SDGsへと展開されていくのである．このように，ローマクラブや国連において，環境問題を地球全体の問題として捉えようとすることに日本が深く関わってきたことも，改めてここに記しておきたい．

　ローマクラブ日本に属す正会員は，世界で100名のうち，小宮山宏，野中ともよ，黒田玲子，沖大幹，石井菜穂子と林良嗣の6名，名誉会員は惜しくも緒方貞子が逝去し，松浦晃一郎，茅陽一の2名である．2022年末までに4度のシンポジウムを開催し，その内容を順次出版[4]している．とりわけ，20世紀のProblematiqueの原因である，西欧における人類の自然への優越思想，一神教的一軸思考に対して，アジアや日本では，人間は森羅万象の一存在，多様な価値観を許容する八百万の神の存在，紀元前12世紀に遡ってはインドの聖典リグ・ヴェーダが描く普遍的な自然観，など多様な知恵があることを示して，自然を傷めず人を傷めない寛容な人類社会を標榜する．

　最後に，武内和彦理事長の率いるIGESのメンバーによる優れた翻訳に対して，敬意を表しお礼を申し上げるとともに，本書が広く読まれることを期待したい．

ローマクラブ本部執行委員 兼 日本代表

林良嗣

第1章

万人のための地球

健全な惑星で世界的な公正を実現するための5つの劇的な方向転換

　この本は，私たちの未来，正確には今世紀の人類全体の未来について書かれたものである．文明は今この瞬間も特異な岐路に立たされている．人類の前例のない進歩にもかかわらず，パンデミック，山火事，戦争は世界中に蔓延している．これは，社会が衝撃に対し，依然として極めて脆弱であることを明確に示している．このような現下の激動は，人類が自ら作り出した地球規模の緊急事態の真只中にいることの明確な証左である．人類が築いてきた文明は，驚きに満ち，自由自在で，万華鏡のようで，刺激的で，混乱に満ちたものである．本書が主張するのは，「人類の長期的な可能性は，その文明が今後数十年の間に5つの劇的な方向転換（extraordinary turnarounds）を遂げられるか否かにかかっている」ということである．

　私たちは，どこに「痛み」があるかを知っている．何十億人もが苦しむ極度の貧困を解消しなければならないことは，誰もが知っている．不平等の危機を解決しなければならないことは，誰もが知っている．エネルギー革命が必要なことは，誰もが知っている．工業的な食生活が私たちを死に至らしめようとしていること，食料の生産方法が自然をむしばみ，6度目の種の大量絶滅を引き起こしていることは，誰もが知っている．人類の人口が際限なく増加することが不可能であることも，誰もが知っていることだ．そして，限りある青と緑の地球で，私たちの物質的フットプリントを無限には拡大できないことも，誰もが知っている．

　「私たち」すなわちすべての人間や民族は，この世紀をともに歩んでいくことができるのだろうか？　勇気と信念をもって，人類の発展のために集団として飛躍を遂げることができるのか？　深刻な分断，新植民地主義，金融的な搾取，歴史的な不平等，深刻な国家間の不信感を克服し，長期的な緊急事態に対処することができるのか？　数世紀ではなくこれから数十年の間で，私たちはこのような全体的な変革を成し遂げることができるのだろうか？

　『万人のための地球』の目的は，それが完全に可能であると具体的に示すことである．そして，それは地球を犠牲にするものではなく，むしろ，私たちの未来への投資となるのだと主張する．以後のページでは，システムダイナミクスモデルに裏付けられた専門家の評価に基づき，現下の緊急事態から脱却するための最も可能性の高い道筋，すなわち，人道的，社会的，環境的，経済的に最も大きな便益をもたらす経路を究明していく．

　『万人のための地球』は，私たちの未来を大切にすることを主題としている．多くの人は「個人としての未来」を大切にしている．しかし，ひとつの文明として，80億人もの集団として，そして複雑に絡み合った社会のネットワークとして，私たちは人類の「集団としての未来」を大切にしているだろうか？そうだという証拠は極めて少ない．新型コロナによるパンデミックは，そうではないことを明確に示す典型例のひとつである．一部の国には莫大な資金があったにもかかわらず，ほぼ完全に回避できたはずの新型コロナウイルスの明白な脅威からこの文明を守る基本的な安全策を導入できなかった．これまで経験してきた世界的な苦しみに比べれば，コロナ禍に適切に対処するために必要な資金はほんの「はした金」程度にしかすぎなかったにもかかわらず，私たちは真に集団的な対応ができなかった．

　慢性的な失敗の兆候をもうひとつ挙げたい．私たちの注意を惹くために，世界で何百万人もの子どもたちが学校から抜け出して，街頭で行進せざるを得なくなった．ストライキをする学校の子どもたちのメッセージは明快だ．「私たちの家は燃えている」，「権力者たちは未来に巨大なリスクを負わせ，私たちに不安定となった地球で生きるよう強要している」と彼らは主張する．街角のプラカードには，「気候の変化ではなく，システムの変化を！」，「科学に耳を傾

けよ！」などと書かれている．そして，それを手にした若者たちは，まさに
「公平で公正な社会への転換を．今すぐに！」と要求している．

　彼らの訴えは，不安を掻き立てるいくつかの疑問をあらわにする．パンデ
ミックや気候変動への対応は，なぜこれほどまでに不十分なのか？　経済シス
テムは，なぜ産業社会を変更不可能な方向へ向かわせるのか？　80億人であ
れ100億人であれ，地球上のすべての人がこのプラネタリーバウンダリー
（planetary boundaries）の中で繁栄することは可能なのか？　社会の崩壊は避
けられないのか？　そうならないように，私たちはこの地球において，人間の
集団としての未来を大切にし，そのために投資する方法を見つけ出すことはで
きないのだろうか？

　本書は，この最後の問いに真正面から取り組むものである．まず，そのため
に2020年に始まった「万人のための地球」構想の成果を紹介する．われわれ
は，パンデミックが社会を切り裂く中，科学者，経済学者などさまざまな分野
の専門家からなる国際チームを設置した．そして，現在の相互に関連した危機
と将来の惨禍を切り抜け，より公平で変動に強い経済システムを構築するため
に何が必要かを分析した．われわれは議論した．意見が異なることもしばしば
あった．時には激論に発展することもあった．貧困と新植民地主義を終わら
せ，すべての社会における不平等に取り組むという真摯な決意があっても，欧
州や北米の学者や専門家と，アジアやアフリカの学者や専門家とでは，視点が
まったく異なることが判明した．食料システムの方向転換が必要なことには完
全な合意はあっても，その変革において，有機農業，研究段階の代替肉，人工
的な化学物質の使用にそれぞれどの程度の重点を置くべきかに合意を得ること
は非常に難しい．

　われわれは，「人」と「地球」という2つの深く絡み合ったシステムに着目
して分析を行った．より明示的には，「世界経済」と「地球の生命維持システ
ム」との関係を分析した．本分析は，過去50年間に爆発的に普及した科学の
一分野であるシステム思考に基づく．システム思考のツールは，複雑さ，
フィードバックループ，指数関数的な影響を理解する上で有効なものである．
システム思考の科学者は，ひとつの小さな変化でシステム全体の大きな違いを

もたらすことができる介入点（leverage points）をいつも探し続けている．

　このプロジェクトの中心には，大胆な経済的なアイデアを探究する2つの知的エンジンがある．ひとつは，世界の第一線で活躍する経済思想家たちにより構成される「変革のための経済学委員会（Transformational Economics Commission）」であり，もうひとつは，Earth4Allと呼ばれるシステムダイナミクスモデルである．委員会からのさまざまな経済的なアイデアが，多くのフィードバックループを備えたEarth4Allによって分析され，提案が人間や自然に十分な変化をもたらすことができるかどうかが検証される．一方で，委員会は，Earth4Allモデルの結果を批判し異議を唱えることもできる．

　こうすることにより，将来起こり得るいくつかの世界を研究する強力なプロセスを確立した．人間の行動，将来の技術開発，経済成長，食料生産，そしてこれらすべてが生物圏や気候にどのような影響を及ぼすかについて，さまざまな仮定を置いて，今世紀に起こり得ることを究明できる．貧富の差の拡大や縮小，温室効果ガスの排出量の増加や減少，人口の爆発や減少，物質消費の急増や抑制，公共インフラや技術革新への投資による大災害の防止などにより，何が起こるかを見ることができる．さまざまな将来のシナリオを分析する際，Earth4Allモデルはわれわれの思考を明確にする手助けをしてくれた．シナリオが内部的に一貫しており，われわれの仮定に従っていることを確認するのに役立った．

　このモデルの斬新なところは，社会的緊張指数（Social Tension Index）と平均ウェルビーイング指数（Average Wellbeing Index）という2つの新しい指標を導入したことである．これにより，たとえば収入の再分配に関連する政策が，地域の社会的緊張を上昇させるか低下させるかを推定できる．社会的緊張が高まりすぎると，信頼の低下により政治が不安定化し，経済が停滞し，ウェルビーイングが低下して，社会が悪循環に陥る可能性がある．このような状況では，政府はこの連鎖的ショックへの対処に手一杯となり，パンデミック，気候変動，生態系の崩壊といった実存する長期的な問題に対応できなくなる．

　Earth4Allモデルは地球規模で機能し，世界の大局的かつ長期的な趨勢を探るのに有効である．しかし，それは重要な地域間の差を覆い隠してしまう可能

性がある．たとえば，世界的には大きな経済成長を示していても，ある地域の経済の停滞が隠れていることがある．このことを念頭に置いて，われわれはモデルをさらに発展させ，世界の10地域についても分析することにした[1]．これにより，われわれのシナリオがサハラ以南のアフリカや南アジアの低所得国においてどのように展開するかを，欧州や米国などの高所得国の場合に比較して確認することができるようになった．ただし，どのようなモデルでも複雑になれば不確実性が増すため，結果は慎重に解釈する必要があるのは言うまでもない．

ブレークダウンかブレークスルーか？

　われわれが記述できるシナリオは数多くあるが，本書では「小出し手遅れ（Too Little Too Late）」と「大きな飛躍（Giant Leap）」という2つのシナリオを選択した．「小出し手遅れ」シナリオは，「世界（生物圏も含む）を駆動している経済システムが，過去50年間とほぼ同じように今後も作動し続けたらどうなるか？　貧困の削減，急速な技術革新，エネルギーの変革といった現在の動向は，社会や地球システムの崩壊を回避するのに十分なのだろうか？」などを究明する．「大きな飛躍」シナリオは，「より変動に強い文明を構築するため膨大な努力をして，経済システムを根本的に変革したらどうなるか？　貧困をなくし，信頼を築き，多くの人に高いウェルビーイングをもたらす安定した世界経済システムを提供するために何が必要か？」などを究明するものである．われわれのこの2つのシナリオは，専門家の評価と既存の学術文献の知見に基づくものであり，Earth4Allモデルにより内部で一貫性を持たせたものである．これらを組み合わせると，次のような結論に達する．

　第一に，現在の政治的，経済的動向が続けば，不平等を意図的に拡大させ続けることになる．また，低所得国の経済発展が停滞し，貧困が長期化することが予想される．国内での不平等により，21世紀半ばには，社会的緊張が高まることが予想される．

　第二に，そのような状況が続けば，気候や生態系の緊急事態に対し不適切な

対応を助長する可能性が高い．世界の平均気温の上昇は，気候に関するパリ協定で規定された限界である 2℃ を大幅にこえる可能性がある[2]．それは，こえることが賢明でないレッドラインとして科学的にも確立されているレベルであり，それをこえると，極端な熱波，頻繁な凶作をもたらす大規模な干ばつ，集中豪雨，海面上昇に，今よりさらに多くの人々がより頻繁に直面することとなる．地球規模の影響を及ぼす社会的緊張の高まりの結果，世界は今世紀に地域的な社会不安のリスクを負う．地球システムの重要な部分が，不可逆的かつ突然の転換点（tipping points）をこえる可能性が，現在よりさらに高くなる．このことは，社会的緊張や紛争をさらに悪化させる可能性が高い．気候や生態系の転換点をこえることによる影響は，数世紀から数千年続くと思われる．

　第三に，そのようなリスクを大幅に低減させるためには，以下の5つの劇的な方向転換が必要である．

1. **貧困**の解消
2. 重大な**不平等**への対処
3. 女性の**エンパワメント**
4. 人と生態系にとって健全な**食料**システムの実現
5. クリーン**エネルギー**への移行

　これらの劇的な方向転換は，大多数の人々にとって有効な政策のロードマップとして設計されている．5つの方向転換は，達成不可能な理想郷を作ろうとするものではなく，極めて大きな圧力にさらされた文明が変動に強くなるために不可欠な基盤である．そしてさらに重要なことは，それらを実行するのに十分な知識，資金，技術は，すでに世界に存在するという事実である．この5つの方向転換は，とくに新しいものではない．それぞれの方向転換を推進する活動は，これまでにも多くの報告書で個別に議論されてきた．しかし，Earth4All モデルでわれわれが試みたのは，それらをひとつのダイナミックなシステムで結び付けて統合した場合の効果であり，それにより，世界経済を破壊的な軌道から変動に強く回復力のある軌道に押し上げるのに，十分な経済的推進力を生み出せるかどうかを評価することであった．

　われわれは，これこそが安全で公正な未来のための唯一の正確な青写真であ

るとは主張しない．しかし，この5つの分野への集中的かつ大規模な投資を今すぐ始めることは必要だと主張したい．なぜか？　気候変動という緊急事態に対処するだけでも，すべての経済の基盤である世界のエネルギーシステムを一世代で再構築する必要があるからだ．太陽光パネル，風力タービン，バッテリー，電気自動車など，工学的な解決策の多くはすでに存在し，それらは指数関数的に増大している．しかし，このような解決策は，世界の中流階級に受け入れられ，公平で手の届くものでなければ，根強い抵抗を受ける危険性がある．すでに進行中のエネルギーの変革が歴史的な不公正を永続化させるなら，それは社会に不安定な影響を与えることになる．『万人のための地球』は，システム的アプローチによって，どのようにすればこのような方向転換が成功するのかを提示している．

　これが第四の結論につながる．より変動に強い文明を築くために必要な投資は，少額にとどまると考えられる．たとえば，持続可能なエネルギーや食料安全保障のために必要な資金は，年間で世界所得の2～4%程度と推計されている[3]．しかし，この投資は市場の力だけでは生み出せない可能性が高い．このような劇的な方向転換には，市場の再編と長期的な思考が必要である．これを提供できるのは，市民に支持された政府だけである．政府はより積極的になる必要があるというのが明確な結論である．必要な投資は，転換開始後の最初の数十年間が最も多く，その後は減少していくことになる．

　第五の結論は，「富の再分配は不可欠」だということである．長期的な経済的不平等と短期的な経済危機が組み合わさると（これはほとんどの大経済圏の現在の状況に当てはまる），経済不安，不信，政治的機能不全が助長される．これらは民主主義社会において破壊的な二極化につながる重要な危険因子であり，社会的緊張を高める可能性がある．現在の支配的な経済モデルは所得の不平等を拡大させるため，その不平等に対処するために劇的な介入が必要であり，それによって実存する地球規模の危機に対応することができる．

　われわれは，最も裕福な10%の所得が，国民所得の40%をこえないようにするための一連の政策を提案する．これは理想郷のような完全な所得平等にはほど遠いものだが，民主主義社会を機能させる最低ラインであると考えてい

る．不平等が総体として信頼を損ねると，民主主義社会では，温室効果ガス排
出量を削減し，森林を保護し，淡水を守り，地球の気温上昇を科学者が比較的
安全と推定するレベル（1.5℃）で安定させるために必要な，集団的かつ長期
的な決定を行うことが難しくなる．これに失敗すれば，世界はさらに異常な熱
波，作物の不作，食料価格ショックに見舞われることになる．不平等がいっそ
う悪化し，信頼がさらに失われ，統治能力が極限まで試されることになる．

　第六の結論は，劇的な方向転換はこれから一世代，2050年までに達成し得
るが，それには今すぐ行動を開始する必要があるという点である．この10年
間に地球の安定化に全力を尽くせば，そうしない場合に比べて，私たちの未来
はより平和で，より豊かで，より安全なものになる．緊急に行動を起こさなけ
れば，社会的緊張が高まり，将来，文明的な課題の解決がさらに困難になると
予想される．

　第七に，劇的な方向転換は一面では破壊的であり，そこから逃れる道はない
ということである．たとえば，この方向転換は，指数関数的に進歩する技術的
ブレークスルーの次段階において，現在すでに進行中の破壊的な傾向とより深
刻に相互作用する．指数関数的に普及する技術には，人工知能，ロボット工
学，コネクティビティ，バイオテクノロジーなどの技術革新があり，それらは
経済，健康，ウェルビーイングに恩恵をもたらすが，一方で，プライバシー，
セキュリティ，雇用の未来に大きな影響を与えることになる．このような変革
の中で，私たちは社会のすべての人々を守るための社会的セーフティネットを
確立する必要がある．これこそが，不平等に対処し，不可避の経済的混乱から
人々を守るための重要な政策イノベーションとして，「普遍的基礎配当
（universal basic dividend）」を可能にする市民ファンドを提案する理由である．
伝統的な「課金・配当（fee and dividend）」政策と同様，市民ファンドは2つ
の部分から構成される．まず，化石燃料，土地，淡水，海洋，鉱物，大気，さ
らにはデータ，知識など，社会全体の管理（stewardship）のもとに置くべき
資源を民間部門が開発・利用した場合に課金する．次に，その収入を国の「市
民ファンド（citizens funds）」に繰り入れ，普遍的基礎配当として，その国の
すべての市民に平等に還元する．

　上記のようなさまざまな懸念にもかかわらず，われわれの最終的な結論は，人類の集団的な未来について「楽観的」である．それは可能であり，望ましく，必要不可欠である．そして，われわれの分析によれば，それは十分に「実施可能（doable）」である．「万人のための地球」，つまり，プラネタリーバウンダリーの範囲内で人類のウェルビーイングを達成するための窓（機会）はまだ開いている．富を再分配するための協調的な努力は，国内および国家間の信頼を築き，気候変動や将来のパンデミックといった実存する問題のリスクを軽減するために必要になる長期的な決断をする余地を与えてくれる．5つの劇的な方向転換に沿った速やかな経済発展を遂げれば，2050年までに絶対的貧困をなくすことができる．今日の化石燃料や無駄の多いフードチェーンからの急速な変革は，すべての社会に長期的なエネルギーと食料の安全保障をもたらすことができる．現在，過密な都市でひどい大気汚染に耐えている何百万人もの人々は，経済の変革により，再びきれいな空気を吸えるようになる．そして，指数関数的に展開する技術と全体的な効率改善によって実現するクリーンエネルギー革命は，低所得国において，富裕国の歴史的な過ちを繰り返さずに物質的なニーズを満たすことを可能にする．このような劇的な方向転換を経て，私たちは価値のある未来を創り出すことができる．

　われわれの分析は，今後10年間，史上最も急速な経済の変革が必要なことを明確に示している．そのような規模の変革はほとんど不可能と思われるかもしれない．

　それは，2つの世界大戦後の欧州を再建するために行われた経済投資である「マーシャルプラン」よりも大きなものである．

　それは，アジアやアフリカで農業を工業化し，飢餓を撲滅した1950年代から60年代の「緑の革命」よりも大きなものである．

　それは，20世紀半ばに独立国家をもたらした「反植民地運動」よりも大きなものである．

　それは，米国や欧州などで社会から疎外された人々に平等な権利をもたらした1960年代の「公民権運動」よりも大きなものである．

　それは，1960年代に米国の国内総生産（GDP）の2%を費やした「月面着

陸」よりも大きなものである.

　それは，8 億人を貧困から救った過去 30 年の「中国経済の奇跡」よりも大きなものである.

　それは，極端に言えば，これらすべてをひとつにしたものである. この本におけるわれわれの挑戦は，それが可能であることを読者に示すことである.

　そのためには，世界がかつて経験したことのない広範な連合を構築する必要がある. そして，今後数十年の間に，これまで支配的だった「西洋」から，われわれが本書で「世界の大半」と呼ぶ地域（途上国）への経済シフトを実現する必要がある. 政治的な左派と右派，中道派と環境派，ナショナリストとグローバリスト，経営者と労働者，企業と社会，有権者と政治家，教師と学生，急進派と伝統主義者，祖父母と若者など，多くの人が違いをこえて参加する必要がある. そのためには，世界的な経済システムを再構築する必要がある. とくに，経済成長について再考し，成長が必要な経済は成長でき，過剰消費している経済は新しい運営システムを開発できるようにする必要がある.

　まず，物質消費を見直すことが必要である. 劇的な方向転換を図らなければ，それは 2060 年までに倍増すると予測されている.

　そのためには，世界的な金融システムを，破局をもたらす広範な資金調達（crowdfunding）から，長期的な繁栄のための広範な資金調達へと改革する必要がある. 優先課題のひとつは，世界の資金の流れを設計し直すことである. 金融システムを変革し，国際通貨基金（IMF）や世界銀行のような機関を変革して，上位 10% だけでなく，貧困にあえぐ人々にも恩恵が及ぶような資金の流れを作る必要がある.

　そして，これらの実現には，将来の地平を見渡し市民の安全を第一とする，より効率的で，賢明で，起業家的な国家が必要となる. 政府は技術革新を積極的に支援し，市場を再設計し，富を再分配する必要がある[4]. 政府は目を覚まさねばならない. 国家の第一の任務は結局のところ，国民を危険から守ることである. この不安定な世紀において，このことは，システム全体の観点から考え，地球規模で行動し，将来の利益を見込んで投資し，将来の世代のウェルビーイングを増大させることを意味する.

未来シナリオの来歴

『万人のための地球』は，数十年にわたる経済と地球システムの研究の上に
成り立っている．時計の針を50年前に戻してみる．その頃，人々は，人口増
加や公害，地球の状態についてますます懸念を深めていた．その10年前に出
版されたレイチェル・カーソンの著書『沈黙の春』がきっかけとなり，人類が
地球の生活環境を破壊してしまうのではないかという深刻な懸念が広がってい
た．そこで，国連はストックホルムで第1回地球サミット（国連人間環境会
議）を開催した．このサミットに先駆けて，マサチューセッツ工科大学
（MIT）の若手研究者のグループが，『成長の限界』（*The Limits to Growth*）と
いう驚くべき本を出版した[5]．

『成長の限界』は，生態学的破壊（overshoots）と社会の崩壊の可能性ない
しは蓋然性を警告した．もし人類が有限な自然資源や環境コストを無視して経
済成長と指数関数的に増大する消費を追求し続ければ，グローバル社会は地球
の物理的限界をこえ，21世紀前半には人口増加に伴って深刻な食料，エネル
ギー不足に直面し，生活水準が低下し，そして人口が急激に減少すると警告し
たのだ．この本は予想外のベストセラーとなり，世界中で何百万部も売れた．

『成長の限界』の分析には，当時新たに開発されたコンピュータモデルの
World3が用いられた．70年代初頭のコンピュータの性能は，現在の水準から
すると非常に限られていた．しかし，それでもMITチームは，有限な惑星で
発展する人間社会の複雑な地球規模のダイナミクスを捉えようとした最初のコ
ンピュータモデルを創り上げた．

研究チームはWorld3を使って，人口増加，出生率，死亡率，工業生産高，
食料，汚染に関する将来のシナリオを大規模に検討した．このモデルは，たと
えば，食料生産が無限に増加し続けることは不可能であることを考慮し，人口
増加が食料の入手可能性に与える影響を検討するなど，その複雑さの一端を捉
えることができた．それ以来，複雑な地球規模の課題を究明するために，他の
多くのコンピュータモデルが開発されてきた．ここで紹介する結果は，一部で

World3 と同じ手法を使っている．われわれの中心的モデルである Earth4All は，『成長の限界』の4人の著者のひとりであるヨルゲン・ランダースによって設計されたものである．

『成長の限界』で探求されたシナリオの中には，汚染の悪化，食料生産の減少，人口の劇的な減少のために崩壊に至るものもあった．しかし，すべてのシナリオがこのような経過をたどったわけではなかった．そこで，このチームは「安定化した世界」を生み出すシナリオの条件を確認した．そのようなシナリオでは，人類の福祉は向上し，高水準を維持し，崩壊を回避するために重要な行動を取ることができた．メディアや評論家は安定化シナリオをほとんど無視し，代わりに従来の軌道で成長した場合の崩壊シナリオの脅威に焦点を当てた．多くの意思決定者も，『成長の限界』が現状なりゆき（BAU）シナリオの長期的な影響について警告を発したにもかかわらず，安定化シナリオを無視し，新自由主義経済理論に従い，あらゆるコストを払ってでも成長を追求することに終始し，それに自己満足した．

そして，50年が経った今，『成長の限界』のシナリオはどうなったのだろうか？　それは，どのような形であれ，現実に即したものだったのだろうか？

半世紀を経て言えることは，World3 は最も有名なだけでなく，最も正確な初期の地球評価モデルのひとつであったということだ．2012年にオーストラリアの物理学者グラハム・ターナーは，1970年から2000年までの実世界のデータを，『成長の限界』の BAU シナリオと比較してプロットした．そして，ターナーは BAU シナリオが現実に近いものであることを突き止めた．2014年に行われた最新の研究でも，同様の結果が得られた[6]．

2021年に「万人のための地球」構想の「変革のための経済学委員会」の委員のひとりであるオランダの研究者ガヤ・ヘリントンは，『成長の限界』のデータが現在も現実を反映しているかどうかを確認することにした．彼女は，過去40年間に得られたデータを，最新版の World3 の4つのシナリオと比較した[7]．第一のシナリオは，古いシナリオが想定した通り，世界がほとんど方向転換をせず，経済的にも政治的にも BAU で展開し続ける（図1.1の BAU）と想定したものである．元の BAU を改訂した第二のシナリオは，化石燃料の

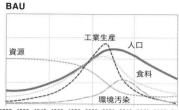
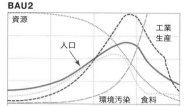
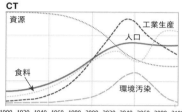
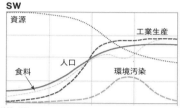

図1.1　『成長の限界』の4つのシナリオ：BAU，BAU2，CT，SW．上記のグラフはヒラリー・モーア作成．

ような自然資源の利用倍増を前提としたものである（BAU2）．第三のシナリオは，食料の確保など，地球的限界に近づいたときに遭遇する問題のいくつかを解決するため，大規模で包括的な技術革新を想定したものである（CT）．そして，第四のシナリオは，物質消費の増大から，健康や教育への投資，汚染の削減，資源の効率的利用などへと優先順位をシフトすることで，世界を安定化させる道筋を探ったものである（SW）．

　ヘリントンの研究は，『成長の限界』は長期的に起こり得るさまざまな未来への道筋を探ろうとしていたのであり，将来のひとつの確定的な予測をするものではなかったことを，改めて思い起こさせてくれる．彼女は，最初の3つのシナリオが最も正確に実際のデータに追随していることを見出した．これは，2つのことを物語っている．まず，ヘリントンが言うように，「実際のデータとシナリオが密接に整合していることは，World3の精度を証明している」ということである．そして，このモデルと現実の密接な一致には，警鐘を鳴らすべきだということである．実際，最初の2つのシナリオは，21世紀に社会が崩壊することを示唆していた．まず，BAUは物質消費がプラネタリーバウン

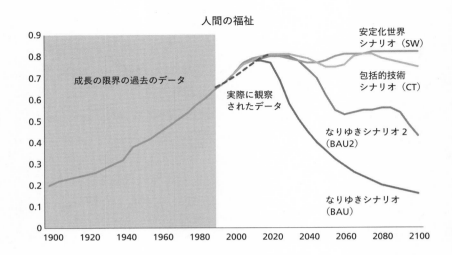

図 1.2　『成長の限界』シナリオと 2020 年までの国連人間開発指数のデータとの比較.
人間福祉変数（human welfare variables）に関して 4 つのシナリオすべてを対象にして
プロットしたもの．クレジット：ガヤ・ヘリントン（2021）．

ダリーと衝突する世界を示していた．また，BAU2 では，資源消費が 2 倍にな
ると非効率な過剰消費がより長く続き，最終的には過剰な汚染によって最大の
崩壊に至る結果となった．三番目の技術革新に依存するシナリオ（CT）では，
資源利用と工業生産が大幅に減少したが，崩壊には至らなかった．社会の大規
模な変革を想定する第四のシナリオ（SW）だけが，人類の福祉を幅広く向上
させ，人口を安定化させたのである．

　好き嫌いにかかわりなく，『成長の限界』レポートは，その発表以降何年に
もわたって，文明，資本主義，公正な資源利用，そして私たちの未来について
国際的な議論を引き起こした．ロナルド・レーガンはこの報告書を否定しよう
とし，「人間の知性，想像力，感動（wonder）に限界はない．だから，成長に
大きな限界はない」と発言したことで有名である．

　レーガンは，人間の無限の想像力については正しかったかもしれない．しか
し，私たちが物理的に有限で，過密な地球に住んでいて，そこに重大な変化が
起きているという事実は変わらない．今こそ，人間が持つ知性，想像力，感動

を働かせて，唯一無二の地球というプラネタリーバウンダリーの範囲内で，市民が繁栄し，自由に夢を追うことができる公平な社会を再構築する時である．

「成長の限界」から「プラネタリーバウンダリー」へ

1972 年に『成長の限界』が出版されて以来この 50 年間，ひとつの科学的認識が他のすべての科学的洞察を凌駕してきた．地球は「人新世（Anthropocene）」という新しい地質学的時代に突入したという認識だ[8]．「人間の文明」と「地球システム」に関する認識におけるこの重大なパラダイムシフトは，地球が太陽の周りを回っているというコペルニクスの地動説やダーウィンの自然淘汰説と同じくらい根本的なものである．

地質学者は，地球の長い時間をジュラ紀，白亜紀，石炭紀などの単位に分割している．これらは，地球の進化における大きな変遷を画している．ノーベル賞受賞者のパウル・クルッツェンは，2000 年に開かれた地球圏-生物圏国際共同研究計画（IGBP）の会議において，地球が新しい地質学的時代である人新世に入ったと提唱した[9]．この考えは，研究者の間ですぐに勢いを得た．人新世を認識することで，科学者たちは，地球システムの変化を支配しているのは，今やたったひとつの種「ホモ・サピエンス」，つまり「私たち人類」であることを認めたことになる．この数十年の間にこの惑星に起こったことは，その 45 億年の歴史の中でも極めて特異なことである事実に間違いはない．

私たちが過去のものとした時代，「完新世（Holocene）」は，人類の文明に大いに役立った．それは，1 万 1700 年前，最後の氷河期の終わりから始まった．その後，幾度かの紆余曲折を経て，気候は極めて安定したリズムに落ち着いた．そして，その直後に文明が誕生した．それは偶然ではない．この穏やかで比較的安定した気候が，農耕（と余剰生産）を可能にしたのである．それは 1 万年以上続き，さらにこれから 5 万年続くものと予想されていた[10]．しかし，それが今，危機に瀕している．主に 1950 年代以降の工業化社会の加速的な進展が，完新世の境界条件から外に地球を押し出したのである．私たちは未知の領域に入ったのだ．この爆発的な成長と地球の生命維持システムへの直接的な

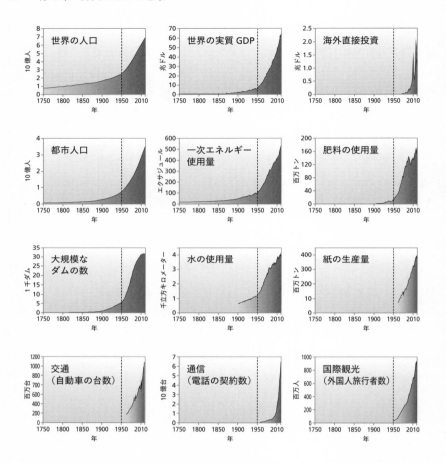

図 1.3 産業革命（グラフの左端）は 1750 年に始まった．しかし，この産業革命が地球システムを不安定化する影響（グラフの右側）が明らかになるのは，1950 年以降のことである．このパターンは大加速と呼ばれるようになった．これが，完新世と人新世を画するものとなっている．出典：ステファン他（2015）．

影響は，図 1.3 に示す「大加速（Great Acceleration）」に関するグラフに最もよく現れている[11].

　人新世に関する科学的な理解が深まるにつれ，研究者は地球上に存在し得る転換点について懸念するようになった．これは，気候や生態系の非常に大きな変化で，突然かつ不可逆的に起こるものである．このような懸念から，地球シ

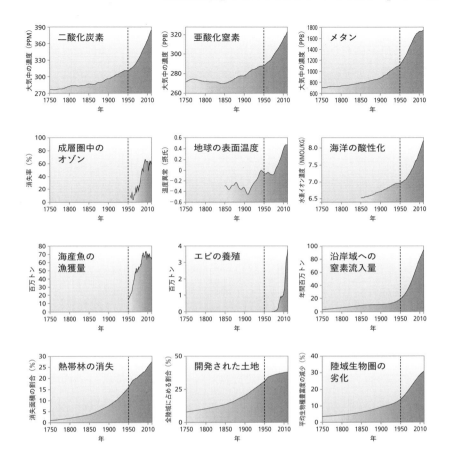

ステムを完新世と同様の状態に保つための条件を探ろうとする動きが出てき
た．完新世は大規模な文明を支えることができる唯一の状態であるため，この
動きは注目に値する．研究者チームは，地球がこの安定した状態にとどまるた
めにこえてはならない9つのプラネタリーバウンダリーを特定する新しい枠組
みを2009年に発表した．2015年に科学者たちは，人間の行動が「気候」，「生
物多様性」，「森林」，「生物地球化学的循環（主に窒素とリンを使った肥料の使
用に関連）」に関する4つの境界を突破したと結論づけた．2022年に科学者た
ちは，人間の影響が5つ目の境界をこえたと発表した．プラスチックを含む化

学物質汚染である（図 1.4 参照）[12]．さらに，本書を執筆している 2022 年 5 月現在，専門家は 6 つ目の境界もこえたかどうかを調査している．それは，植物の根の周りの土壌に保持されている水分である「グリーンウォーター（植物プランクトンを豊富に含んだ水）」として知られる「淡水」に関して新しく提案された境界である[13].

　転換点に関するリスクは，ますます深刻となっている．実際，2019 年に科学者たちは，転換の構成要素となる重大なリスクがある場所の多くが，現在，活性化しつつあると発表した．アマゾンの熱帯雨林では，かつてない速度で炭素が失われている．西南極（West Antarctica）の氷床の重要な部分が不安定になる兆しを見せている．シベリアとカナダ北部の永久凍土が融解しつつある．サンゴ礁は死に瀕している．そして，夏の北極の海氷は減少の一途をたどっている[14]．転換点は，今世紀後半に訪れる将来のリスクではない．地球がいくつかの転換点をすでにこえてしまった可能性は否定できないのだ．

　このような理由から，われわれは，「現在の状況下では，地球という惑星は緊急事態にある」と断言する．タイタニック号に譬えるなら，氷山に衝突するまでに 60 秒あったとして，衝突を回避するための旋回に 60 秒以上かかるという状況である．それは明らかに緊急事態である．今や，人間による回避行動が間に合うかどうかは，「タッチ・アンド・ゴー（一触即発）」の状況だ．すでに警報が鳴り響いている．現在の私たちの文明のために，危険な転換点から遠ざかり安全な領域に抜け出すには，最速でも一世代は必要だ．今すぐに，思い切った方向転換をする必要がある．

　プラネタリーバウンダリーに関する枠組みは，リスクに関する新しい考え方を生み出し，多くの研究グループが政策や経済成長への影響を模索するきっかけとなった．英国を拠点とする経済学者で「万人のための地球」構想の「変革のための経済学委員会」の委員であるケイト・ラワースは，この枠組みに 12の「ソーシャルバウンダリー（social boundaries）」を付け加えた．ソーシャルバウンダリーには，水，食料，ヘルスケア，住居，エネルギー，教育へのアクセスなど私たちにとって不可欠な社会的ニーズに関する最低限の基準が含まれている．図 1.5 のドーナツ型の図は，プラネタリーバウンダリーとソーシャ

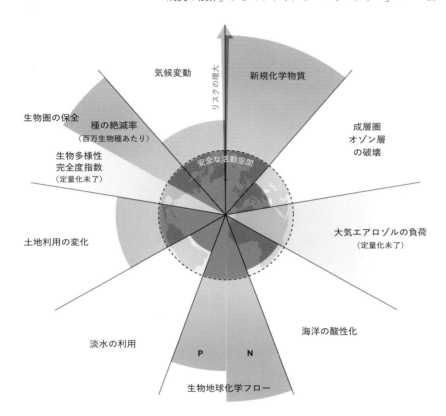

図 1.4　プラネタリーバウンダリーの枠組みは，地球の状態を決定する 9 つの境界を示している．中央の部分は，人類にとっての安全な活動空間を表し，それは地球が完新世のような状態を維持できる可能性を提供する．この領域の外側では，地球システムがどのように機能するかについて重大な不確実性が存在する．たとえば，地球がプラネタリーバウンダリーをさらにこえると，突然または不可逆な転換点を横切る危険性が高まる．2015 年，プラネタリーバウンダリーの研究チームは，4 つの境界が越境されたと評価した．2022 年，別の研究チームは，プラスチックなどの化合物による汚染に関連して，新規化学物質の境界を初めて評価した．同チームは，この境界もすでにこえていると結論付けた．クレジット：アゾテ（ストックホルム・レジリエンス・センター）．

ルバウンダリーの両方を表しており，人間の経済の「安全な活動空間（safe operating space）」を定義している．「ドーナツ内での生活」とは，人間活動が

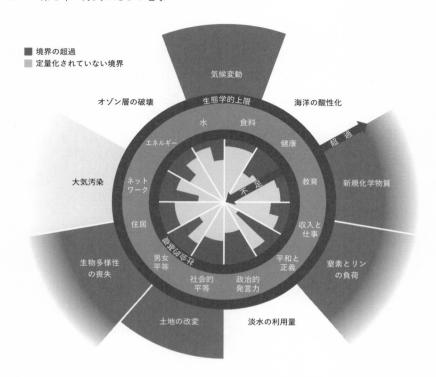

図 1.5　ソーシャルバウンダリーとプラネタリーバウンダリーを示す「ドーナツ」. 私たちはすでに 5 つのプラネタリーバウンダリーをこえている. また, 世界中の多くの人々がソーシャルバウンダリー以下の状況で生活している. 目標は, 人類を安全な活動空間に戻すことである. 安全な活動空間は, この図では生態学的上限と社会的基礎との間の領域で表されている. 出典：ラワース (2017) に基づき作成.

地球の生態学的上限（天井）をこえず, 人類が社会的基礎（床）の下に落ちない領域を指し示す[15]. この領域では, ウェルビーイングに焦点を当てた経済が繁栄することができる. 世界中であまりにも多くの人々が社会的閾値を下回る生活をしており, 第 3 章と第 4 章で検討する社会的転換点をこえる危険がある.

「万人のための地球」構想

　『成長の限界』やプラネタリーバウンダリー，さらにはドーナツ経済が『万人のための地球』を構想する上での科学的出発点であったが，世界が合意した文明のビジョンに最も近いのは，2015 年に国連が発表した 17 の持続可能な開発目標（SDGs）である．すべての国は，「貧困をなくそう」から「エネルギーをみんなにそしてクリーンに」に至るまで，それらの目標の 2030 年までの達成に向け努力することに合意している．

　しかし，いくつかの大きな問題はまだ解決されていない．本当に SDGs は達成可能なのか？　達成するためには何が必要なのか？　そして目標が達成された 2030 年以降，安定した地球ですべての人に長期的な繁栄をもたらす経路とはどのようなものなのか？

　「万人のための地球」構想は，科学者，経済学者，オピニオンリーダーのネットワークを構築し，このような問いに目を向けて，まずは SDGs を達成し，さらにその先の人類の「安全な活動空間」，「ウェルビーイング経済」，「ドーナツ内での生活」に向けた最も確からしい経路を究明するために設立された．今世紀中にそのような道筋に成功裏に移行するために，何が優先され，どれだけの投資が必要で，私たちの社会や経済がどのような根本的な変化を受け入れる必要があるかについて，われわれの分析が有益な指針を提供できれば幸いである．その意味で『万人のための地球』と題したこの本が，有限な惑星における文明の「21 世紀的サバイバルガイド」となることを願っている．

　しかし，われわれはすべての答えを持っているわけではないし，確かに誰も未来を予測することはできない．ただ，幸いなことに，他のネットワークや研究グループも，同じ課題に取り組んでいる．彼らの研究を見渡すと，緊急に必要な変革に関しては，大局的には意見が収斂されていることがわかる．このことは，われわれが正しい道を歩んでいることを確信させる．ただし，専門家間の意見の相違や，前進を困難にする緊張が継続するところには，今後も注目していく必要がある．

　われわれは，シナリオを探求し説明するために Earth4All モデルを開発した．最も重要な2つのシナリオについては，第2章で詳しく説明する．その2つのシナリオは，それぞれに将来起こり得る異なる未来を記述している．「小出し手遅れ」シナリオは，社会がこれまでと同じように，漸進的に政策を改善することにより，将来の課題に対応していく社会を想定している．「大きな飛躍」シナリオは，社会が共通の相互に関連する危機を認識し，5つの主要な分野における劇的な方向転換を即座に導入し，進路を変え始める社会を想定している．

　今世紀の予測分析では，「大きな飛躍」シナリオが必要とする以下の5つの劇的な方向転換は，主要な政策目標の実施によって達成され得ることが明らかになっている．

- **貧困**：低所得国は，もっとも脆弱な人々のウェルビーイングを確保する新しい急成長する経済モデルを採用する必要がある．その出発点は，国際金融システムの改革であり，低所得国への投資リスクを取り除き，変革を起こすことである．

  主要政策目標：一人当たりの GDP が年間1万5000ドル[16]以上となるまで，低所得国の GDP 成長率は年間5％以上とする．また，ウェルビーイングに関する新たな指標を導入する．

- **不平等**：衝撃的なレベルの所得格差に対処する必要がある．これは，累進課税と富裕税，労働者のエンパワメント，市民ファンドからの配当によって達成が可能である．

  主要政策目標：最も裕福な10％の総所得が国民所得全体の40％未満となるようにする．

- **女性のエンパワメント**：ジェンダーの不平等を変革するには，「女性のエンパワメント」と「すべての人のための教育と健康」への投資が必要である．

  主要政策目標：ジェンダー平等を実現することで，2050年までに世界人口を90億人以下に安定化させる．

- **食料**：農業，食事，食料へのアクセス，食品廃棄物を変革するために，

2050年までに，食料システムを（土壌，根，幹に大量の炭素を貯蔵して）再生可能にし，ネイチャーポジティブ（多様性を保全し，自然を増大させること）にする必要がある．地元での食料生産を奨励し，肥料やその他の化学物質の過剰投入を大幅に削減する．

主要政策目標：すべての人に健康的な食事を提供する．一方で，土壌と生態系を保護し，全体として農地を拡大しない．食品廃棄物を劇的に削減する．

- **エネルギー**：エネルギーシステムを変革して効率を高め，再生可能な風力発電や太陽光発電の展開を加速し，10年ごとに温室効果ガスの排出を半減させ，エネルギーアクセスのない人々にもクリーンエネルギーを提供する．これにより，エネルギーの安全保障も実現する．

主要政策目標：おおむね10年ごとに排出量を半減させ，2050年までに排出量ネットゼロを達成する．

われわれは，これら5つの主要な解決策を「劇的な方向転換」と名づけた．なぜなら，これらは過去の傾向と大きく異なり，真のシステム変換をもたらす可能性があるからである．ある意味で，これらの劇的な方向転換は，人新世において民主主義を機能させるための新しい社会契約の基礎を形成するのかもしれない．

第3章から第7章では，これらの劇的な方向転換には何が必要で，どのようにすれば達成できるかを詳しく議論している．後述するように，これらの劇的な方向転換は全体として深く相互に関連している．エネルギーは食料に影響を与え，食料とエネルギーはより大きな経済システムに影響を与える．貧困をなくすには富の再分配が必要であり，それが信頼を生みウェルビーイングを加速させる．そして，女性のエンパワメントは経済的機会を生み出し，家族の規模や不平等を減らし，すべての社会でより健全な人間関係を促進する．ローマクラブの共同会長であり，「万人のための地球」構想の「変革のための経済学委員会」の委員であるマンフェラ・ランフェレは，「人間であることの本質は，相互につながり，相互依存していることである」ことを改めて強調している[17]．

図 1.6　5 つの劇的な方向転換は相互に関連しており，それらが統合されてシステム全体の変革を生み出す．

　深遠な複雑性を持つ世界において，このような劇的な方向転換を実現することは，間違いなく困難な挑戦である．しかし，シロアリのコロニーから空を舞うムクドリまで，そして気象予測から世界経済まで，観測される一見底知れない複雑さは，実は少数の単純なルールや関係から生まれるということを，私たちは知っている．

　図 1.7 に，それぞれの方向転換に必要な最も強力な社会経済的なレバー（政策介入）を 3 つずつ掲載した．まず，現在の経済パラダイムの中で基本的な政策変更と考えられるものを三角形の底に記述し，その上に，人新世にふさわしい新しい経済パラダイムを真に特徴づける大胆な政策を順次記述している．三角形の一番上にあるのは，「ウェルビーイング経済」と呼ばれる新しい経済パラダイムへの変革を実現するレバーである．Earth4All モデルにあるこれらの大胆なレバーを早期にかつ強く引くことによってのみ，今世紀半ばまでに十分に公平，公正，安全な世界への変革が加速できるのである．

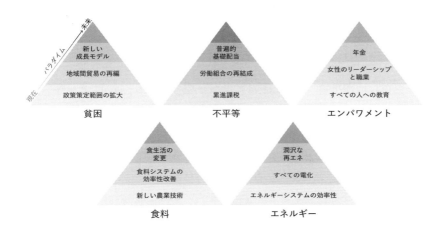

図1.7　5つの三角形で示されたEarth4Allのパラダイムシフト．それぞれの方向転換には，非常に大きなインパクトをもたらす重要なレバーがある．それぞれの三角形の底には，現在のパラダイムの中にある経済的な解決策が記されている．そして，一番上にあるのは，まさに「大きな飛躍」シナリオを実現する提案であり，新しいパラダイムへの移行を促進するものである．

　しかし，Earth4Allモデルでは，他のシナリオや解決策を検討することもできる．そのための簡単なオンラインツールも利用可能であり，その使い方は付録で参照できる．

　劇的な方向転換の対象として，多くの問題が明示されていないことに気づいた読者もいるかもしれない．「明らかに変革が必要なガバナンスはどうなっているのか？」，「健康はどこで扱われているのか？」，「オートメーションや人工知能のように指数関数的に進歩するテクノロジーは？」このような領域で何が起こるかによって，人類の地球上での未来が変わってくることは言うまでもない．実は，これらの問題は，われわれのシナリオの中に共通の糸（要素）として織り込まれている．詳細については，「変革のための経済学委員会」のDeep Diveペーパー（詳細分析論文）を参照されたい．

　また，「物質消費」をそれ自体として方向転換に含めていないことにも気がついたかもしれない．その規模は極めて大きなものであり，上記と同様，すべての方向転換に織り込まれた共通の糸として扱った．1970年以降，自然資源

の採掘量は3倍に増えた．そして，2020年に地球はもうひとつの厳しい閾値をこえた．コンクリート，鉄，プラスチックなど人類が生産したあらゆる物質の重量が，地球上のバイオマス（あらゆる生物の重量）を上回ったのである[18]．現在，地球上には約80億の人々が存在しており，年間一人当たり530キログラムのセメントと240キログラムの鉄を消費している[19]．コンクリートは，クリーンな水に次いで，地球上で二番目に多く消費される素材である．したがって，鋼，鉄，セメントの生産に伴う二酸化炭素の排出量が，全世界の14%を占めていることは驚くには当たらない．

　需要は拡大している．しかし，ずっとそうである必要はない．私たちがどのような未来を築くにしても，物質は必要である．安定した地球での未来を大切にするのであれば，より少ない物資でより多くの満足を引き出す必要がある．最終的には，政府が循環経済への迅速な移行を奨励する必要がある．建築基準を少し変えるだけで，鉄鋼とセメントの需要を25%程度削減することができる．鉄鋼とアルミニウムはすでに地球上で最もリサイクルされている材料であるが，それでも新しい原料を使う必要があるところでは，生産システムを変更することができる．たとえば，鉄鋼の生産に石炭の代わりに水素を使用すると，炭素の排出量を97%削減することができる[20]．

　しかし，消費に関しては，公平性をめぐる重要な問題がある．消費は世界中に均等に広がっているわけではない．最も裕福な20か国は，これらの資源の70%以上を使用している．また，世界で温室効果ガスの排出量を最も急速に増加させているのは，圧倒的に1%の富裕層である．過剰消費は「全体的」課題である．経済は，社会的結束や人類と地球の健康を犠牲にして，消費を最適化する傾向がある．まさにこの点において，われわれは消費に真正面から取り組む必要がある．5つの方向転換のそれぞれは，不公平で不必要な物質的フットプリントを削減するのに貢献する．その一部は累進課税によって取り組まれ，残りは，たとえば市民ファンドを導入し，持続可能でない消費を減らし，富をより公平に再分配することで対処される．社会で最も裕福な人々の物質的消費を抜本的に削減し，人々が本当に必要とするものを提供する，より賢明な方法を採用することで，「世界の大半」に属する人々が資源の公正な配分を受

ける余地を増やすことができる．

　消費とGDPは関連している．第二次世界大戦後の二世代くらいの間，GDP
は，健康やウェルビーイングを計測しないという事実にもかかわらず，経済の
健全性を判断する好ましい手法として用いられてきた．GDPは，ドルで測定
される年間の経済の総活動レベルの単なる尺度である．これは，1年間に生産
された財とサービスの総生産量に，生産高当たりの価格を掛けたものにほかな
らない．労働生産性が低い貧しい経済では，生産性の上昇は，最初はより高い
ウェルビーイングにつながる．しかし，ある一定の所得をこえると，それはも
はや妥当ではなくなる．多くの研究が，GDPの成長とともにウェルビーイン
グが頭打ちになることを示している．確かに，人々はたくさんのものを購入で
きるようになるが，一方で，貧しい食生活による動脈の詰まり，SUVがはび
こる都市の詰まり，大気汚染による肺の詰まりと戦わなければならなくなる．
この段階においては，合理的な政府の政策は，もはや成長ではなく，大多数の
人々のウェルビーイングの向上に重点を移すことである．

　一般に，政治指導者は成長について断定的であってはならない．問題は，何
が成長するのかであるからだ．低所得国には経済成長が必要であり，これは持
続的に行うことができる．エネルギーと食料の課題を解決できれば，それは
GDPの成長につながる．このタイプの成長は長期的なウェルビーイングの向
上につながる．しかし，政治指導者や有権者は，先月のGDPの成長率がどれ
だけであったかという近視眼的な見方ではなく，「経済は大多数の人の生活の
改善のために最適化されているか？」，「経済システムは合理的かつ公正か？」，
そして「経済成長は『責任のある』成長となっているか？」と，自らに問い続
ける必要がある．これらの問いすべてに「イエス」と答えられる国は，ほとん
どないであろう．人々はそのことをよく知っている．

経済システムの変革への人々の支持

　われわれの提案は，一世代で，実際には10年以内に，前例のない経済的な
変革が必要だということである．しかし，市民はその変革への準備ができてい

るのだろうか？ 広範なシステムの変化を社会が求めるムードは，メディアの見出しを飾るデモ参加者だけでなく，市民全体に広がっているのだろうか？私たちが将来直面するリスクの大きさを市民は認識しているのだろうか？ そして，人々は行動を起こそうとしているのであろうか？ すべての人のウェルビーイングを真に重視する新しい経済システムへの準備はできているのだろうか？ そして，それは，真に公平な未来なのだろうか？

われわれは，そのような問いに対する答えを知るために，世界規模の調査（G20 諸国を対象[21]）を実施した（詳細は第9章参照）．その結果，政策立案者が，ネイチャーポジティブかつゼロエミッションで，すべての人にとって公平な未来を築くために，全体的な経済改革を実現することに対して，多くの国民から圧倒的な支持があることが明らかとなった．この調査結果は，『万人のための地球』の目標に沿った政策をより迅速に実施しようとするリーダーに対する，国民のボトムアップの支持を示すものである．

変革への機運が高まっている．21 世紀に入り，経済危機，パンデミック，戦争，洪水，山火事，熱波などが頻発し，多くの人々が影響を受けている．しかし，大多数の人が，経済的な安定を得るための実行可能な方法を見出せていない．世界で最も豊かな社会でさえ，多くの人が経済的な不安を感じ，実際に取り残され，あるいは取り残されるのではないかと常に危惧している．そして，最貧国は，豊かな国々が途上国からの「立ち入り禁止」措置として，要塞（先進国）の周りの跳ね橋を引き上げるのを目の当たりにしてきた．2008 年の世界金融危機は，銀行の利益は私的なものにもかかわらず，その損失は国民が負担せざるをえないことをあからさまに示した．従来の成長モデルは，効率性と緊縮財政を柱とするこれまでの経済学と同様，すでに破綻しているように思われる．これに代わる首尾一貫した解決策は今のところ見当たらない．

われわれは，今後 50 年間に世界の社会経済システムをどのように変革していくかについて，新しくて信頼できる一貫したストーリーを提供するために『万人のための地球』を著した．その際，最新の科学的知見に基づき，定量的なシステムダイナミクスモデルを活用した．その結果は，「変革のための経済学委員会」に世界中から参加した学際的な専門家によってレビューされ，弱点

が特定され，議論されたものである．われわれは，すべての解決策のリストを
提示しているわけではない．むしろ，それは最短で最も効果的に活用できる複
数のアイデアにすぎないと考えている．われわれのアイデアがさらなる議論を
巻き起こし，将来，より良いアイデアにつながることを願っている．

　『万人のための地球』は，意欲的な未来を実現する徹底的に楽観的なガイド
あるいは指針を提示している．しかし，私たちは本当にそこに到達することが
できるのだろうか？　それは，読者諸賢が次に何をするかにかかっている．

第 2 章

「小出し手遅れ」か「大きな飛躍」か

2 つのシナリオの検討

シナリオは未来についてのストーリーであり，今日のより良い意思決定に役立つ．それぞれのシナリオは，これから数十年あるいはそれより先の将来に起こり得る発展経路を描写している．しかしそれは，天気予報が最もありそうな天気を予測するのとは異なり，最もありそうな未来を予測するものではない．むしろ，シナリオは「もし，こうしたら？」という重要な設問に答えるものである．

たとえば，「もし，世界がこのまま高いレベルの不平等と，地球を破壊する過剰な物質消費を続けたらどうなるのか？」とか，「もし，政府が方向を転換したらどうなるのか？」とか，「もし，新しい再生可能な技術がより早期に安価になったらどうなるか？」というような問いに答えることである．

シナリオは，将来が大きな不確実性に直面している場合に有効である．しかし，本当に有効であるためには，それぞれのシナリオが，実際のデータや分析から得られた一連の仮定に基づいたものであり，かつ内部的に一貫している必要がある．たとえば，ある国の教育水準が高くなれば，所得が上がり，家族の規模が小さくなることがわかっている．したがって，社会の変化に関するシナリオを分析するモデルには，そのことが反映されていなければならない．研究者は一連のシナリオを作成し，起こり得る未来を考察し，それぞれの未来の相対的な強みについて評価する．このように，シナリオは人々が不確実な未来に対して計画を立てるだけでなく，積極的に未来を創造し，形成するのに役立つ

のである.

　Earth4All モデルを使用すれば, 2100 年までの世界の発展に関する内部的に一貫したシナリオを作成できる. 今回のモデル内の想定は, 1980 年から 2020 年までの実世界のデータをもとに作成された. このモデルは, その期間中の世界の 10 地域すべてにおいて, 人口増加, 教育, 経済成長, 温室効果ガスの排出, およびその他の変数すべてに関し, 観測された歴史的発展パターンを再現するように設計された. Earth4All モデルは実世界の非常に単純化された記述ではあるが, 過去 40 年間の主要な世界的および地域的な趨勢をかなり良好に捉えていることが判明した[1]. これにより, 内部的に一貫した方法で, 将来のシナリオを説明するためのツールとして有用であることが確認された. 1980 年を起点にモデルを動かし, 2020 年までの歴史的趨勢を再現し, さまざまな政策の仮定の下で将来に向けて推定し, 人々が集団的に行う決定に応じて, 10 の地域が 2100 年までの一世紀にどのように発展するかを究明した.

　Earth4All モデルの役割は, 起こり得る将来を一貫したイメージとして示すことである. さまざまな代替案が及ぼす潜在的な結末を評価し, どのシステム変化が大きな影響を与える可能性があり, どのシステム変化がほとんど影響を与えないかを発見できる. このモデルは, そのようなシステム変化にかかるコストや, ある時間までにウェルビーイングが特定の段階に到達するために必要な投資の水準についての情報も提供できる.

　われわれは多くのシナリオを検討したが, この本では 2 つだけを紹介する. 「小出し手遅れ」シナリオは, 社会が「持続可能性」にうまく対応したり失敗したりしながらも, 何とか「やりくり (muddling through)」している現在の軌道を反映したものである. 「小出し手遅れ」シナリオでは, ほとんどの国が, 貧困の解消と気候の安定化に向けて断片的で漸進的な進歩をしているが, 非常に大きな問題である不平等には効果的に対処できない. このような「やりくり」対応は, 今世紀の終わりまでに十分に安全な軌道を実現できるのだろうか？ それとも, 民主主義を混乱させ, 不安定化のリスクを深化させて, 社会の内部あるいは外部に深い亀裂を生じさせるのだろうか？ 「小出し手遅れ」シナリオでは, 後者の可能性の方が高いと考えている. このシナリオでは, 10%

の富裕層と 50％ の貧困層が乖離し続けることで社会的信頼が低下し，社会や国家は資源をめぐって互いに敵対する．自然への大きな圧力を抑えるための集団的行動は極めて少ない．森林，河川，土壌，気候など，地球の生命維持システムは悪化の一途をたどり，一部のシステムは突然に不可逆的な転換点に近づいたり，それをこえたりする．貧困にあえぐ人々，先住民族，野生生物にとって，これは確実に「地獄への階段」となる．

われわれの選んだ第二のシナリオである「大きな飛躍」シナリオは，5 つの劇的な政策の方向転換の即時かつ強力な実施による効果を記述している．この軌道を今世紀中に歩むためには，周縁的な対策にとどまるのでなく，経済，エネルギー，食料などのシステムを再構築する真に根本的な改革が必要である．このシナリオは本格的な変革であり，システムのリセットである．システムが崩壊する前に，文明の基本的なルールを再起動させることが不可欠である．経済や気候には慣性があるため，今日いかなる行動をとっても，経済では数年，気候では数十年から数百年，その効果が現れないことが多い．人類が現在の軌道から方向転換し，2050 年までに真に持続可能な軌道に乗るためには，「大きな飛躍」シナリオに今から取り組む以外にはない．「大きな飛躍」シナリオは，人新世にふさわしい新しいタイプの経済の詳細を規定している．それは，貧困を取り除き，社会的・環境的ウェルビーイングを促進し，人々と地球がどの程度繁栄するかによってその進捗を計測する経済である．

「大きな飛躍」シナリオでは，市場を再構築し，社会の長期的なビジョンを推進する積極的な政府が必要である．個人も市場も，単独でそれを行うことはできないとわれわれは考えている．経済を立て直すには，集団的な行動が必要である．しかし，とくに民主主義国家において，政府がより積極的に行動するための条件をどのように整えればよいのだろうか？　その基本的な条件は「信頼」である．Earth4All モデルの 2 つの特徴は，「平均ウェルビーイング指数」と「社会的緊張指数」の採用である．前者は，一定の時間における人々の生活の質を示すものである（詳細は「ウェルビーイングとは何か？」に関する後述のコラムを参照）．社会的緊張指数は，地域の統治能力を示すもので，社会内のウェルビーイング，信頼，平等が低下すると，その値は上昇する．

ウェルビーイングとは何か？

ウェルビーイング経済と Earth4All の平均ウェルビーイング指数

　多くの経済学者，政策立案者，起業家などのチェンジメーカーは，経済を組織し社会の進歩を測定する新しい枠組みを開発しようとしてきた．この新しい経済学的思考は，ケアリング（思いやりの）経済，シェアリング経済，循環経済のような概念を生み出してきた．そして，エコロジー経済学，フェミニスト経済学，ドーナツ経済学その他，地球を守りながら繁栄を生み出し持続する新たな方法を究明する多様な経済学を包摂してきた．これらは同じ概念を表す異なるキャッチフレーズではなく，むしろ現在の直線的，新自由主義的，成長至上主義的な経済アプローチに対する代替案となる，新たな，しかし異なる側面を強調しているものである．

　「万人のための地球」構想が目指す変革の経済は，これらすべての枠組みの要素を取り入れ，「ウェルビーイング経済」と呼ばれる包括的な枠組みと整合性を持たせたものである．ウェルビーイング経済同盟（WeAll）は，このフレームワークを，「経済が人と地球に奉仕するものであって，人と地球が経済に奉仕するのではないもの」と定義している．それは，単に「お金を動かす」だけでなく，人々に「良い生活」をもたらすものである[2]．WeAll は，人間のウェルビーイングに必要な核となるニーズは，次のようなものであるとしている．

- **尊厳**：誰もが快適，健康，安全，幸福に暮らすのに十分な状況．
- **自然**：すべての生命体にとって，再生される安全な自然界．
- **つながり**：帰属意識と共通の善を支える制度．
- **公平性**：あらゆる面での正義が経済システムの中心にあり，最富裕層と最貧困層の間の格差が大幅に縮小すること．
- **参加**：地域社会や地元に根ざした経済への市民の積極的な関与．

　ウェルビーイングを経済の究極の目標とすることは，「経済が，有限な地球の生物物理学的な現実を認識しながら，人間のニーズと能力を満たす

こと」を意味している．これはまさに「万人のための地球」構想の目標であり，Earth4All モデルの主な進捗計測指標に反映されている．それは平均ウェルビーイング指数であり，実際，われわれのモデルはそれに基づき毎年ウェルビーイングを推定している．

この指標は，人間の幸福度を表すものとして広く，しかし誤って使用されてきた経済的進歩の指標である GDP に代わるものである．研究者たちは，一人当たりの GDP がある閾値をこえると，そのさらなる増加は生活満足度の上昇とは関連しないことを見出してきた．「万人のための地球」構想による最近の研究では，一人当たりの年間の GDP が 1 万 5000 ドル程度の閾値をこえると，人間のニーズや願望の充足度はそれほど高まらないことが確認された[3]．その理由のひとつは，GDP の成長は通常，環境影響の増大を引き起こしてきたことである．

GDP は指標としての優位性はあるものの，それは決して社会全体の健康度を測るものではなく，むしろ社会の活動レベルのみを測るものであった．これまでの数十年で，GDP の成長を唯一の目標とすることがもたらす悲惨な結果を認識し，ウェルビーイングを重視する経済対策に注目が集まってきている．そのような枠組みは本質的に多元的であり，地域の状況，価値体系，伝統を考慮に入れたものである．実際，人間のウェルビーイングの測定には，単に所得と消費を最大化する以上の幅広い概念が必要であるとの認識で，専門家の意見が一致している．

われわれの目標は，会計的指標としての GDP をなくすことではなく，GDP をこえて社会の進歩を導くウェルビーイングを活用することである．それを満たす指標は，人間の幸福と健全な地球の相互依存を含んだものでなければならない．人間のニーズは普遍的なものだが，それをどのように満たすかは文化的条件に左右される[4]．

Earth4All モデルのウェルビーイング指数は，WeAll の原則に基づき，以下の変数をモデルで活用し，ウェルビーイングを定量化したものである．

- **尊厳**：労働者一人当たりの可処分所得（税引後）

- **自然**：気候変動（地球表面平均気温の変化，単位は摂氏）
- **つながり**：共通の善に奉仕する組織への国民一人当たりの政府支出
- **公平性**：資産家の税引後所得と労働者の税引後所得の比率
- **参加**：人々のウェルビーイングに関して観測し得る進捗（以前との比較）および労働参加

　上記の変数に基づいて，平均ウェルビーイング指数は，Earth4All モデルの 10 の地域ごとに毎年算出されている．この指数は，平均的な人のウェルビーイングを反映したものである．平均ウェルビーイング指数が低下すると，人々は苦しみ，怒り，やがて社会的な緊張が高まり，政治的な不安定や革命がおこるリスクが高まる．

　「万人のための地球」構想の「変革のための経済学委員会」の委員であるリチャード・ウィルキンソンとケイト・ピケットが指摘したように，総体的な不平等と不安定な社会との関連はよく知られている[5]．経済的不平等が大きく拡大している社会では，とくに対策を講じない限り，富裕層が統治機関に対して不釣り合いな影響力を持つようになる．これは，統治システムに対する信頼を損ない，腐敗への扉を開くことになる．また，不平等は社会のウェルビーイングの低下にもつながる．それは，社会の連帯を弱め，地位をめぐる競争を激化させる[6]．そして，時間の経過とともに，これは社会的緊張指数を上昇させる．指数が長期にわたって上昇している場合，社会に深い亀裂が生じ，「我ら」対「彼ら」のような不健全な力学が働く．そのような状況は簡単に政治家に利用されてしまう．社会的緊張指数が上昇しすぎると，社会的崩壊が起こる可能性も排除できなくなる．つまり，社会的緊張の高まりが信頼の低下を招き，政治的不安定を引き起こすという悪循環に社会が陥ることを意味する．これは経済の停滞を招き，ウェルビーイングはさらに低下する．政府は信頼を回復するのに苦労し，首尾一貫した長期的な意思決定を行うことがますます困難になる．

　われわれの2つのシナリオは，いずれも，経済全体を俯瞰するマクロ経済レベルのものである．しかし，このようなマクロなシステムの変化が，実際の人々の生活，つまりミクロな日常生活レベルではどのような意味を持つのであ

ろうか？　そこで，この 2 つのシナリオを可視化するために，4 人のキャラクターを設定した．4 人は全員少女で，2020 年 8 月上旬の同じ日に生まれたと想定し，それぞれの将来の軌道を想像してみた．シュウは中国の長沙という都市で，サミハはバングラデシュのダッカで，アヨトラはナイジェリアのラゴスで，そしてカーラは米国で生まれた．彼女らは実在の人物ではなく，「小出し手遅れ」シナリオと「大きな飛躍」シナリオの世界で生きるとはどういうことかを示すアバターのようなものである．地域，シナリオ，機会の違いをよりわかりやすく記述するために，この 4 人の少女を選んだ．

　サミハとアヨトラは，地球上の 14 億人の人々と同じように，それぞれの都市の貧困で脆弱な地区に生まれた．そして，地球上の 30 億から 40 億の人々と同じように，彼女らの家族は 1 日 4 ドル以下で生活している．シュウとカーラの家族は，経済的には恵まれている．シュウの母親は長沙で教師を，父親は会計士をしている．カーラの両親は，米国での経済的な可能性を求めて，コロンビアからカリフォルニアに移住してきた．母親は 3 人の子どもの世話をする主婦で，父親はレストランで仕事をしている．2020 年からの彼女らの歩みを追っていく．

1980 年から 2020 年までの簡潔なレビュー

　どちらのシナリオも，1980 年以降の主要な趨勢の上に成り立っている．この時期，経済大国は，民営化，市場の規制緩和，グローバル化，自由貿易，政府支出の削減への公的コミットメントなどからなる新自由主義的政策を急速に展開した．高所得国では企業が力を持ち，労働組合の交渉力は低下した．公共支出の減少は経済的な安定性を弱めた．国内の貧富の差はますます拡大し，不平等の増大は多くの地域で政治制度に対する国民の信頼を損なった．

　世界の人口は増え続けた．貧困層の割合は減少したが，絶対的な貧困は今世紀でも続いている．GDP で測定した世界経済は，20 世紀よりもゆっくりではあるが成長し続けた．金融部門（銀行，金融市場，ヘッジファンド，未公開株式投資会社など）はバブルのように膨張し，その規模と重要性が拡大し，多く

の国の経済の主要な原動力のひとつになった．2008 年，バブルは見事にはじ
けて，経済と社会を不安定にした．その後の改革により金融部門の脆弱性は減
少したように見えるが，金融の経済に対する優位性や，長期的な価値創造や人
類の進歩ではなく，短期的な利益を重視する体質は変化していない．

　温室効果ガスの排出量は急速に増加し，世界の平均気温は 2015 年までに産
業革命前より 1℃ 上昇した．これは地球にとって（悪い意味で）極めて画期的
なことだった．完新世の特徴は，過去 1 万年の間に上下に 0.5℃ 以上の変動が
なく，安定した気温を維持したことであったからである．ちなみに，完新世の
境界条件下で繁栄してきた文明にとっては，安定した気温の維持は（良い意味
で）極めて画期的なことだった．

　国内の経済格差は，この 40 年間を通して拡大し続けた．新しいデジタル技
術は，伝統的な産業とその労働力を崩壊させた．グローバル化の一環として，
企業は安価な労働力や緩やかな規制に惹かれ，北半球の先進国の多くの労働者
を見放した．ほとんどの地域の社会的緊張指数は着実に上昇し，効果的なガバ
ナンスに影響を及ぼした．

　風力発電，太陽光発電，電気自動車などのクリーンエネルギー技術への投資
は徐々に強化され，2015 年頃には，これらの技術は（補助金の支援もあって）
コスト面で競争力を獲得した．そして，2020 年代に入ると，そのコストと性
能は，（補助金なしでも）化石燃料ベースのものと遜色ないレベルにまで達し
た．

　カーラの両親はレーガン大統領の時代にコロンビアで生まれ，米国に移住し
た．当時の米国では，労働組合は怠惰で腐敗しており，米国の競争力を破壊し
ようとする利己的な存在だと見なされていた．グローバル化と技術革新は，実
際のところ米国の製造業を縮小させる大きな原因となった．シュウの両親は，
鄧小平の共産党政権が市場改革を実施し，貿易と投資を開放した時代の中国に
生まれた．その間，5 カ年計画や有能な中央政府により経済成長の方向が効果
的に管理された．その結果，中国はその後 40 年以上にわたって劇的な成長を
遂げ，何億人もの人々が極度の貧困から脱することができた．

　サミハの両親が生まれたバングラデシュやアヨトラの父と母が幼少期を過ご

したナイジェリアなどのアフリカ諸国では，経済成長が遅れていた．国際金融機関に頼ることが多かったこれらの国々は，新植民地主義的な取り決めや多くの債務を背負わされた．そのため，国内の製造業に対する十分な投資が実現できなかった．

　これから未来を考察する前に強調しておきたいのは，社会，生態系，経済システムは「ダイナミック（動的）」なものだということである．それらを動かす力は互いに影響し合い，それによって予想されない事態がもたらされることもある．Earth4All モデルも同様に「ダイナミック」である．そこでは，人口，公共投資，経済生産，エネルギー需要，食料生産など，さまざまな変数が互いに影響しあっている．ある変数が大きくなれば，その影響はシステム全体に波及し，最終的には世界の経済や地球の生命維持システムに影響を与える．これにより，経済が成長したときに世界の人口に何が起こり，それが食料供給や温室効果ガスの排出にどう影響するかを，初歩的な方法ではあるが推定することができる．また，公平性や信頼性，さらにはシステムの耐久性を促進する政策を，世界的あるいは地域的に導入することができる．つまり，「もし政府が，大規模なあるいは小規模な富裕税を導入したらどうなるだろうか？」とか「技術革新への投資を増やしたらどうなるだろうか？」などを検討できるのである．

シナリオ1：「小出し手遅れ」シナリオ

　このシナリオは，1980年から2020年までと同じ力学で世界が発展を続けた場合に起こり得る結果を示すものである（図2.2参照）．それによると，このシナリオの下では，2050年まで，さらにそれ以降も，人口増加と世界経済の成長はやや鈍化するとともに，労働参加率の低下，政府への信頼の低下，生態学的フットプリントの着実な増加，生物多様性のさらなる喪失などが生じることが判明した．

　今後数十年間の地域ごとの結果は，「世界の大半」では貧困が続き，豊かな世界では不平等が拡大し不安定になるという結果であった．SDGsの一部は達

成され，プラネタリーバウンダリーの範囲内で生活することに関しては一定の進展が見られる．しかし，全体としては，社会的緊張指数が劇的に上昇し（図2.1 参照），新しい解決策の展開が遅くなる．経済は方向を変えず，過去数十年と同じように生産を続けている．このシナリオでは，今世紀には生態系や気候が地球規模で明確に崩壊することはないが，社会が崩壊する可能性は 2050年までの数十年間を通じて上昇し続ける．これは，社会の内外における社会的分断の深化と環境破壊の高まりの結果である．このリスクは，最も不安定で統治が行き届かず，生態系に脆弱な経済地域においてとくに深刻となる．

「小出し手遅れ」シナリオ：2020 年から 2030 年までの決定的な 10 年

　シュウ，サミハ，アヨトラ，カーラという 4 人の少女は，不確実性に満ちた時代に生まれてきた．パンデミックが世界を覆っている．国家間の協力は限られている．世界恐慌以来には見られなかったレベルの不平等[7]が，多くの地域でポピュリズムと権威主義の台頭を引き起こしている．

　2030 年，4 人の少女は激動の世界で成長する 10 歳の元気な子どもたちである．中国の長沙市郊外にあるシュウの学校は，市全域の大気汚染のため，しばしば休校になる．シュウは 5 歳のときに肺炎にかかり，その後喘息になった．彼女の両親は，空気がろ過された「バブルスクール」に転校させるため，お金を貯めている．太平洋の向こう側では，カーラの両親が同じようなジレンマに直面している．ロサンゼルスでは，干ばつと山火事が深刻化している．年間数か月は空気が悪く，屋外に出るのは危険だ．カーラは，皆が十分な水を確保できるよう，水を控えめに使うように教えられている．バングラデシュに住むサミハの両親も水について心配しているが，その理由は逆である．バングラデシュ政府は現在，洪水対策に多額の資金を費やしており，病院や教育への投資について難しい判断を迫られている．サミハとその兄弟は，お金を稼ぐために学校をやめなければならない．毎日，新しい気候難民がやって来て集落はますます混雑する．アフリカでは，アヨトラの住むラゴスは 2030 年には定住人口が 2000 万人となり，地球上で最も大きな都市のひとつとなった．しかし，経済的なチャンスは依然として限られており，両親は欧州に移住することを夢見

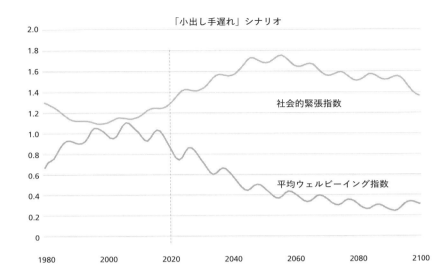

図 2.1　平均ウェルビーイング指数が低下すると，社会的緊張指数は時間とともに上昇し，今世紀半ばにピークを迎えるが，これは不信感の増加と社会の分断を反映している.

ている.

　各国は気候変動を抑制する目標を設定することに合意したが，「小出し手遅れ」シナリオの下では，パリ協定を達成する政策の導入は依然として弱いままだ．それでも，エネルギー転換は主に市場の力によって加速し始めているが，補助金や炭素価格は限定的であるため，利益の出るものに限られている．エネルギーミックスに占める再エネの割合は，この 10 年間ゆっくりと，しかし着実に上昇してきた．インドをはじめとする低所得国の経済は，化石燃料という古い技術と風力や太陽光といった新しい技術を混在させて，急速な成長の段階に入る．急激に増大するエネルギー需要に対し，再エネが化石燃料に付加される形で使用される傾向にある．高所得国から低所得国に対し約束された気候変動資金は実現されなかった．従来の貿易協定は，低所得国における健康や環境に配慮した十分な投資を妨げ続けている．

　利益の出る技術への投資は継続しており，ロボット，モノのインターネット

(IoT), 3D プリンター, 人工知能 (AI) などで革新が進んでいる. これは, ほとんどの部門で産業破壊を引き起こす. 経済がギグワーク (単発・短時間の働き方) やゼロ時間契約に最適化され, 低・中スキルの労働者が被害を受ける. 従来の製造業は, 裕福な地域では生き残りをかけた操業をしている. 新しい産業は出現するが, 多くの場合は異なる地域に立地し, 再教育は優先されない. 移行期には労働力は消耗品と見なされ, より多くの人々が経済的に不安定な生活を余儀なくされる. 不動産価格は上昇を続け, 多くの資本は, 新しい経済を支援し前進させるのではなく, 目の前の利益を求めてより投機的となる. 大都市に住むことはより困難になっている. すべての地域で国内格差が拡大し, 上位 10% が利益の大半を獲得する.

　気候正義の欠如は明確になり, 最も貧しい人々がその影響を受けている. これは, 社会の二極化や緊張を増加させる一因となっている. デモは頻発し, それは多くの場合, 暴力的な民族主義者によって組織される. 民主主義国家では人々はしばしば怒りに任せて投票し[8], 支持政党を頻繁に変えて政治に対する軽蔑をあらわにする.

　絶対的貧困の状態にある人の割合が史上最低の水準に達したにもかかわらず, 世界は 2030 年の国連総会までに SDGs の達成に至らなかった. 高所得地域と低所得地域の経済格差は拡大し続けている. 地球の気温は, 産業革命以前の水準から 1.5℃ の上昇に迫っている. 世界では, 不気味な温度上昇がもたらす強力で致命的な熱波やその他の異常気象が増加し続けている.

「小出し手遅れ」シナリオ：2030 年から 2050 年まで

　極貧の状態にある人の割合は, 2050 年に最低水準に低下するが, それでも極貧の解消にはまだほど遠い. 一方で, 国内での不平等は劇的に悪化している. 格差は多くの場合, 権力にアクセスがある超富裕層と, 社会の最貧困層の間に亀裂を生じさせる. これは民主主義国家の安定性に影響を与え, 一部の国では統治がますます困難になる. 私的な富は増大するが, 公的には緊縮財政となっている. 医療や教育への公的支出は, 年金制度とともに悪化している. 多くの地域では大家族を老後の保障と見なすため, 人口増加が長期化する.

　同時に,より良質で安価な太陽光パネル,建物,スマートグリッド,バッテリー,電気自動車などのエネルギー技術やその他の技術の革新も急速に進んでいる.しかし,高所得地域では,持続可能なエネルギーや食料システムの長期的な解決策の展開が,何度も遅れたり規模が縮小したりしている.その原因は,社会的,法的な対立と弱体化した政府である.一方,低所得国では,気候変動対策に必要な大規模な先行投資の資金が不足している.気候変動や持続可能性についての議論は盛んに行われているが,循環経済へのシフトは停滞し,場当たり的になっている.建設業界は,持続可能でない方法で製造されたセメントや鉄鋼を使って道路,鉄道,高層ビル,港湾,空港を建設し続け,政府は小型車,小型住宅,小型冷蔵庫や冷凍庫の奨励策をほとんど講じていない.

　温室効果ガスの排出量は,結局,2030年代に最大となり,その後減少に転じた.再エネによる発電は,ここしばらくの間に石炭,石油,ガスによる発電よりも安価となっている.しかし,鉄鋼,コンクリート,プラスチック,海運,航空,長距離トラック輸送など,多くの産業では化石燃料の使用が継続している.ほとんどの地域で,経済の転換は労働者に壊滅的な影響を与えている.ある産業は縮小し消滅する一方で,新しい産業が生まれているが,政府はそのような地域の労働者を自助努力が基本だとして,おおむね放置している.このため,好景気と不景気のサイクルが続く中,経済的な不安がさらに深化している.

　良いニュースもある.中国,インド,バングラデシュなどのアジアの国で大気汚染が減少している.風力や太陽光の増加による石炭火力発電所の閉鎖や電気自動車への切り替えのためである.これは,シュウとサミハにとって好ましいことだ.しかし,温室効果ガス排出量が減ったとはいえ,排出自体は続いているため,気温は上昇し続けている.世界各地で最高気温の記録が更新され続けている.許容範囲をこえる極端な外気温の地域に住む人が増え続けている.

　食生活は,工業化された西洋型の食が主流となり,これは肥満を促進する.このような食生活は,大規模な農業関連企業が提供する安価で加工度の高い食品によって推進されている.食品廃棄物は依然として大きな懸念材料である.また,穀物を飼料とする赤身肉の消費は世界中で高いことから,農業部門は依

然として温室効果ガスの排出と生物多様性の喪失の主原因のひとつとなっている．

　アフリカは，2030 年代には繁栄に向けてゆっくりと進んでいくが，2040 年代にはこれまで以上に多くの女性が有給の労働に参入し，それがさらに加速している．貯蓄率も上昇し，地域の投資家の資金も増加する．しかし，深刻な干ばつや極端な気候変動は莫大なコストを発生させる．また，女子教育への投資は，人口増加を大幅に抑制するほどの速さでは展開されていない．家父長制の社会システムは，資源の配分や意思決定においてジェンダー平等を損ない続けている．サハラ以南のアフリカの人口は，2020 年の 11 億人から，2050 年には 16 億人に達する．一人当たりの年間所得は，最低限必要な 1 万 5000 ドルには達しない．

　2050 年までの数十年間，「世界の大半」で，経済的な不安定性の増大と所得の中央値の停滞があり，社会的な緊張を高めている．その上，気候変動による移民は危機的なレベルに達し，パンデミックによる世界的な健康被害も増加している．こうしたことが，ポピュリストや独裁的な指導者の台頭を促し，そのような指導者が安定した統治と民主主義の価値を損なうリスクをはらんでいる．継続的な腐敗は信頼をさらに低下させる．永続的な紛争に巻き込まれ，小さな国家に分裂していくリスクは依然として高い．淡水などの共有資源をめぐる競争は激化している．世界の 10 地域全体で，社会崩壊のリスクを推定する社会的緊張指数は危険ゾーンに突入している．このため，政策は不安定化し続け，急な実施と打ち切りの繰り返しが特徴的となる．その結果，不平等，食料，エネルギー，健康，透明性，法治などに関する社会の移行は，他のシナリオの場合と比較してはるかに遅くなっている．

「小出し手遅れ」シナリオ：2050 年以降

　シュウ，サミハ，アヨトラ，カーラは，2050 年に 30 歳の誕生日を迎える．シュウは現在，水文学の技術者として中国の水源を守るための大規模な事業に取り組んでいるが，ある地域では洪水が頻繁に起こり，別の地域では干ばつが起きている．そのため，何億人もの人々の食料安全保障と経済的安定が脅かさ

れている．今世紀半ばの大量移民は，住宅，雇用，食料をめぐる危機を生み，紛争へと悪化している．カーラは建築業で成功したオフィスマネージャーだが，猛暑の南カリフォルニアを離れ，北のシアトルに移住することにした．しかし，彼女は今，山火事と猛暑が自分を追いかけてくるように感じている．彼女と同じ仕事と資格を持つ兄は，彼女よりずっと高い給料をもらっている．6桁の学生ローンとシアトルの高い家賃のせいで，彼女は毎月その日暮らしの生活を送っている．

　バングラデシュのサミハには3人の子どもがいるが，衣料品工場での職を失った．ダッカの街は浸水が進み，内陸に移動するお金がある人々から見捨てられつつある．お金の有無に関係なく，サミハは，やがて自分にも選択肢がなくなり，より頻繁に起こる洪水や熱波から逃れる必要があると思っている．自分は1年後どこにいるのだろうとよく考える．アヨトラは14歳で学校をやめ，家族の友人の息子と結婚した．4人の子どもがいるが，男の子だけしか学校に通わせられない．アヨトラは家で裁縫をして，ウガリ（穀物の粉でできたアフリカ伝統食）に添える魚，肉，豆を買うお金を稼いでいる．彼女たちは全員，異常気象のない地球で生活した経験がない．

　社会的緊張指数は，2020年以降，ほとんどの地域で上昇している．それは一貫した上昇ではなく，不平等や経済サイクルがウェルビーイングにどのように影響するかに連動しており，人々の不満は波状的なものとなる（図2.1参照）．社会は，差し迫った危機に対処するための長期的で変動に強い解決策を講じることが難しくなっている．深刻な危機が多方面で蓄積され続けている．赤道付近の国々はますます暑くなり，住むことができなくなり，移民が発生している．知識，市場のシェア，資源の所有権をめぐって貿易戦争が勃発する地域もある．異常気象によってサプライチェーンが混乱する．政府支出は危機的状況への対応や適応に費やされることが多くなり，長期的な社会や経済発展のための支出は少なくなっている．土壌の質が低下し，収穫量に影響を与え，食料価格の変動が引き起こされる．

　世界人口は2050年頃に90億人程度でピークを迎え，その後，今世紀末にかけて減少に転じる．一人当たりのGDPが1万ドルをこえると，世界中の女性

1. 主要なトレンド
「小出し手遅れ」シナリオ

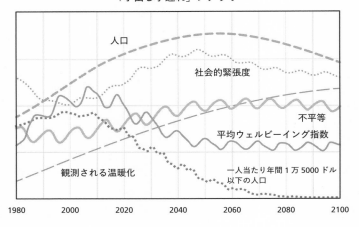

2. 人間によるフットプリント
「小出し手遅れ」シナリオ

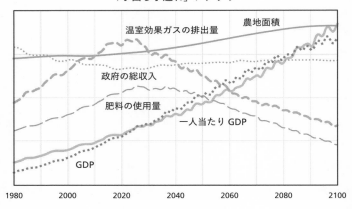

図 2.2　「小出し手遅れ」シナリオを定量化し，1980 年から 2100 年までの世界の発展を 4 つのグラフで可視化したもの．これらのカーブはすべて 1980 年の値を基準にしており，それぞれの間の動的な関連を明らかにしている．最初のグラフは，世界人口が 1980 年の 44 億人から，2050 年代の 88 億人でピークに達し，その後緩やかに減少することを示している．一人当たりの所得は，二番目のグラフのように年間 6000 ドルから 2100 年の 4 万 2000 ドルまで上昇を続ける．三番目のグラフは，一人当たりの二酸化炭素排出量や穀物消費量が 2100 年まで一貫して高くなり，2100 年までに温暖化が 2.5

3. 消費
「小出し手遅れ」シナリオ

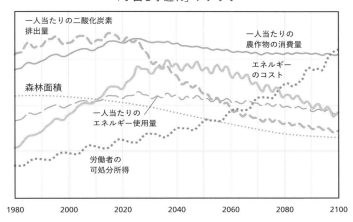

一人当たりの二酸化炭素
排出量

一人当たりの
農作物の消費量

エネルギー
のコスト

森林面積

一人当たりの
エネルギー使用量

労働者の
可処分所得

1980　2000　2020　2040　2060　2080　2100

4. ウェルビーイング
「小出し手遅れ」シナリオ

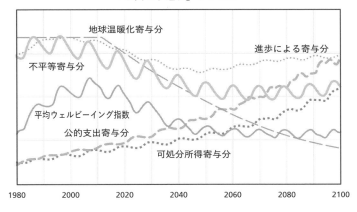

地球温暖化寄与分

進歩による寄与分

不平等寄与分

平均ウェルビーイング指数
公的支出寄与分

可処分所得寄与分

1980　2000　2020　2040　2060　2080　2100

℃に達することを表す. その後も温暖化は続き, 地球は決定的なプラネタリーバウンダリーをこえる. 四番目のグラフは,「小出し手遅れ」シナリオにおけるウェルビーイングのさまざまな側面を示しており, 世界の平均ウェルビーイング指数は, 今世紀の大半を通じて低下する（主に不平等の拡大と自然の悪化が原因）ことを示している. ここで「ドル」は, 2017年の購買力平価（PPP）での米ドルを意味し, これは変化しないものとしている. 出典: E4A-global-220501. モデルとデータは, earth4.life からダウンロード可能.

が少子化を選択するようになる（図 5.3 参照）．高所得国は，大多数の市民に対して，物質的な生活，消費水準を常に向上させている．これは，より優れた技術と，一人当たりの生産能力がかつてないほど高まったためである．しかし，社会的連帯の低下や地位をめぐる競争，さらには社会が直面している最大の課題を解決するには不十分な弱い集団行動により，全体的なウェルビーイングは低下している．

　このシナリオでは，世界はパリ協定で定められた気候目標を達成できない．地球は 2050 年頃に 2℃ の境界を突破し，2100 年の前に壊滅的な 2.5℃ に達する[9]．気温が上昇した結果，地球システムはすでにいくつかの重要な閾値をこえたと考えられている．恐怖に怯える科学者たちは，西南極とグリーンランドの氷床の融解が加速していることを警告し続けている．しかし，地球は一度のビッグバンで崩壊するというわけではない．アマゾンの熱帯雨林の喪失は年々ひどくなり，さらに乾燥しサバンナと化している．野生生物が失われ，昆虫や鳥類の絶滅が加速している．人間は豊かになったが，自然界は局所的な破壊の積み重ねで年々衰退している．文明は，その最大の基盤である安定的で回復力のある地球システムを失った．

　異常事態が次々と発生することが，ニューノーマル（新しい常態）となった．地球の安定した気候を記憶している人は，高齢者のごくわずかしかいない．適応策への投資は，現在，政府支出の大きな割合を占めている．これは，表面上は GDP の成長に寄与するが，各国は単に「現状維持のために努力しているだけ」である．国民を守るために地球工学の実験をしている国もある．気候シナリオは深く憂慮すべき状態であり，社会的，経済的混乱の主要な要因になっている．しかし，気候危機は社会崩壊の主原因ではない．主原因は，国内外の不平等である．2050 年以降いくつかの社会が崩壊し始め，小さな国家に分裂していく．21 世紀の後半になるに従い，気候変動によって加速された紛争が，多くの場合，社会崩壊の原因となっている．

　2080 年，カーラはまだ長時間労働を続けており，今後 10 年は退職する余裕がないことを知っている．座りっぱなしの生活と加工食品の食事，そして米国西海岸で頻繁に起こるヒートドーム現象により，彼女の健康状態は脆弱になっ

ている. 彼女は65歳で, 糖尿病で死亡する. サミハはディナジプール郊外の開拓地に住んでいる. 彼女は, 過去10年間に開拓地を襲ったパンデミックで, 3人の子どものうち2人を亡くした. また, 夫は襲撃によって亡くなった. 雇用の機会はなく, 食料も安全な飲み水も限られている.

シュウは, 洪水管理の技術で水文学者の間ではレジェンドとなっている. 洪水管理技術が今後この地域でどれほど必要とされるかを知っているため, 名誉教授として今でも時々中国の学生を教えている. しかし, 彼女は自分の国の公的権威が低下することを心配している. ラゴスでは, 致命的な洪水が10年ごとに頻発するようになり, アヨトラと彼女の夫は, 貧困にあえぐ他の多くの人々と同様, 浸水により家を捨てた. これによる人口の移動は, 国全体の緊張を高める要因となった. 過去10年間, 複数の政権が有権者の要求に応えられず, 失敗してきた. その結果, 過激派や宗教的暴力, さらには恐怖によって統治するポピュリスト政権が助長された. アフリカでは異常気象, 熱波, 熱帯低気圧が頻繁に発生し, 農作物に被害を与え, 食料価格の乱高下を招いている. 経済的に余裕のある人々は, より良い生活環境を求めて欧州やアメリカ大陸に移住したが, 最も裕福な国々でさえ, 経済的不安と環境ショックがニューノーマルとなっている.

シナリオ2:「大きな飛躍」シナリオ

「大きな飛躍」シナリオ:2020年から2030年までの決定的な10年

シュウ, サミハ, アヨトラ, カーラの4人の少女は, 2020年の同じ日, 未曾有の変革の幕開けに生まれた. 2020年代初頭, 各国は, 世界銀行, IMF, 世界貿易機関(WTO)などの国際金融機関の変革に着手することに合意した. その使命が劇的に変化し, 狭い意味での経済成長や金融の安定でなく, 気候, 持続可能性, ウェルビーイングに重点を置くグリーンな移行への投資を支援するようになった. これにより, 2030年までに途上国への資金は大幅に拡大し, 再エネやグリーン産業に対する投資へのアクセスも改善された. しかし, 最も重要なことは, これらの変化により, 有能で積極的な政府が, 教育, 健康, イ

ンフラへの投資を通じて，国民のウェルビーイングを高めるのが可能になった
ことである．太陽光，風力，蓄電池，電気自動車などの技術の指数関数的な普
及により，エネルギーシステムにおける化石燃料のシェアは劇的に減少する．
新しい開発・貿易モデルは，これまで国家間の歴史的不平等を永続させてきた
機能不全の現行制度に取って代わるものである（第3章参照）．

　経済的不平等は二極化を激化させ，政治的安定と人類の進歩を脅かすものと
して広く認識されるようになった．フィンランド，アイスランド，ニュージー
ランドの「ウェルビーイング経済」への移行を受け，他の国もこれに追随す
る．すべての地域で，10%の富裕層の所得は，国民所得の40%未満とすべき
だという原則が支持されるようになる．これは，富裕層であろうとなかろう
と，公平な社会は不公平な社会よりもよく機能するという認識に基づいてい
る．地域によって異なる政策を組み合わせて，これに対応している．累進的所
得税により，富裕層がより多く支払うようにする．タックスヘイブンの閉鎖と
相まって，富裕税がすべての地域で導入され，富の海外への逃避に対処する．
国際法人税（2021年合意）は，共通の繁栄を積極的に求める政府による再分
配と投資のための追加的な所得を生み出し，5年ごとに調整と調和が行われ
る．そして，科学研究への公共投資がなされた場合には，たとえば，知的財産
や株式の共同所有権を国民に認め，投資に対する見返りが確保されるようにす
る．

　これらによる新しい収入を活用して，政府は経済が変化する時期に不可欠な
失業給付を手厚くし，女性を含むすべての人の年金制度を拡大する．教育，職
業再訓練，健康への投資が急増するのに伴い，ジェンダー平等も向上する．

　不平等と戦うために「普遍的基礎収入（universal basic income）」を採用す
る国が増える．これは，新たなパンデミックのような大きな危機のときに刺激
策として導入され，後にそれが通常の給付に変わる．これにより，ある産業が
縮小し他の産業が成長しても，人々はそれに合わせて自らを再教育する経済的
自由を得ることができる．地球市民としてより多くの人が，「世界の共有財産
から生み出される富の公平な分配を受けるべきである」と考えている．まさ
に，「万人のための地球」の実現である！

　この原則は，「普遍的基礎配当」を給付する市民ファンドへと発展する．産業界は共有資源（たとえば，土地の利用や所有，金融資産，知的財産権（IPR），化石燃料，汚染権，社会全体で共有すべきその他の資源の採取）の利用料を市民ファンドに支払う．この収益は，その国のすべての国民に平等に還元される．「万人のための地球」構想の「変革のための経済学委員会」の委員であるケン・ウェブスターは，「配当」という言葉は，市民が自分自身や他の人々を，「地球の共同の住民であり，共同の所有者である権利を生まれながらに有する」と見なすようになったことを反映していると言う．そして，これには一定の権利と責任が伴う[10]．

　すべての国が今世紀中に温室効果ガスの排出をネットゼロにすることに合意している．石炭火力はゼロに向けて急速に減少している．最も裕福な国々は，2050 年またはそれ以前のネットゼロを公約している．中国とインドは 2060 年にこれを達成すると約束している．さらに各国は，食生活の改善と再生型農業の実践を強化することを目指し，人と土壌の健康を向上させようとしている．農地については，世界全体で 2030 年までに，そのための土地利用の拡大が停止している．これにより，森林伐採が止まり，地域に適応した森林の再生が多くの場所で拡大している．

　遊び盛りの 10 歳になったシュウ，サミハ，アヨトラ，カーラの 4 人の少女は，急速に変化する世界の中で育っている．彼女らは，大気汚染，猛暑，洪水，山火事など，さまざまな問題に対処しなければならない．しかし，サミハとアヨトラは，学校や病院が近くにある新しいアパートに引っ越している．アヨトラは，学校では数学が得意だ．カーラの両親は，普遍的基礎配当の一環として毎年 1000 ドルから 2000 ドルの小切手を受け取っている．その配当金は何に使っても良いので，カーラの教育費として貯蓄している．中国の長沙では，政府が電動自転車，公共交通機関，電気自動車などの「小回りの利く交通手段（micro mobility）」を奨励し，再エネが化石燃料の使用を急速に減らしているため，シュウの学校周辺の大気汚染は減少しつつある．

「大きな飛躍」シナリオ：2030 年から 2050 年まで

　アジア，アフリカ，ラテンアメリカの急速な発展に伴い，世界は 2030 年代初頭に極貧からの脱出（1 日 1.90 ドルで生活する人が 2% 未満）を達成する．これらの国々では，クリーンかつグリーンなエネルギーが経済成長の重要な基盤となっている（第 7 章参照）．教育システムは，地方の知識，文化，経験，言語を促進するよう活性化されている．それは，「批判的思考（critical thinking）」や「システム思考（complex systems thinking）」と相まって，ケニアの作家グギ・ワ・ジオンゴがかつて提唱した「心の非植民地化（decolonize the mind）」を目指したものである[11]．

　富を公平に再分配する政策がほとんどの国で採用され，急速に拡大している．2050 年には，すべての地域で上位 10% の所得が国民所得の 40% 以下になる．米国のカーラの家族は，毎年 2 万ドルほどを市民ファンドから普遍的基礎配当として受け取っている．このファンドは，富裕層や不動産，自然資源やソーシャルメディアのデータなどの共有資源（パブリックコモンズ）を使う企業に課される利用料がもとになっている．これにより，彼女の家族は，より健康的な食事をし，より良い医療を受け，教育，趣味，旅行のために貯蓄することができるのだ．

　国内での可処分所得の格差はようやく世界的に縮小し，その結果，信頼が高まる．政府は，エネルギー，農業，健康，教育などに関する長期的な政策を実行するため，より強い権限を持つようになった．世界的に長寿化が進む．しかし，出生率が低下するため，人口増加は劇的に鈍化し，2050 年頃には，「小出し手遅れ」シナリオよりはるかに少ない水準でピークを迎える．

　世界中で，人々は穀物を飼料とする赤身の肉の消費を減らし，果物，野菜，ナッツ，種子を多く取り入れた健康的な食事をするようになる．物流や包装の改善，スマートアプリの導入によって，フードチェーン全体で食品ロスや廃棄が減少する．2050 年までに，すべての農場で再生型農業や持続的集約化を進める技術が利用されている．官民の大規模なイニシアチブにより，以前は荒廃していた土地に樹木や森林が再生し始め，世界の森林の劣化が防止されている．

　温室効果ガスの排出量は 2030 年代から 40 年代にかけて急激に減少し，2050年代にはパリ協定に準じて，気温上昇は 2℃ を十分に下回る水準で安定する可能性が高い．各国は，気候の擾乱，異常気象，山火事，急激な海面上昇に対処しなければならないが，政府のガバナンスはこのような災害に効果的に対処するためにより回復力のあるものになっている．

「大きな飛躍」シナリオ：2050 年以降

　人口は 85 億人近くでピークを迎え，今世紀後半から減少に転じる．2100 年には 2000 年と同レベルの 60 億人程度になる．この人口の安定化は，再エネ，再生型農業，より健康的な食生活と相まって，過剰消費と物質的フットプリントを削減する．過剰消費の削減は，とくに上位 10% の富裕層で顕著となる．これによって，自然資源にかかる圧力が大幅に軽減される．温室効果ガスの排出量は，2050 年代には 2020 年比で約 90% 削減され，さらに減少する．依然として産業プロセスから大気中に排出されている温室効果ガスは，炭素の回収，貯留によってすべて除去されている．今世紀が進むにつれ，排出される炭素よりも回収される炭素の方が多くなり，地球の気温上昇を産業革命以前の水準から 1.5℃ 程度まで戻す見通しが立っている．世界の生物多様性の多くが回復し，再び繁栄するのではないかとの希望が高まっている．

　シュウ，サミハ，アヨトラ，カーラの 4 人は現在 30 歳．全員が大学を卒業し，キャリアの初期段階にある．彼女らは生涯を通じて，同じキャリアを歩むとは考えていない．そうではなく，異なる部門でいくつかのキャリアを持つ機会があると考えている．積極的な国家の支援により，彼女らは必要なとき，あるいは望むときに再教育を受けることができる．毎月，彼女らは普遍的基礎配当を受け取る．これは，経済的な安定を提供し，彼女らがより多くのリスクを取ることを可能にする．

　政府の移住プログラムと普遍的基礎配当のおかげで，アヨトラと彼女の両親は，洪水と水位上昇の脅威にさらされたラゴスから離れることができた．彼女はウェルビーイング指標を専門とする会計士として働き，子どもをひとり持とうと決めた．シアトルでは，カーラは建築家としての訓練を受け，コミュニ

1. 主要なトレンド
「大きな飛躍」シナリオ

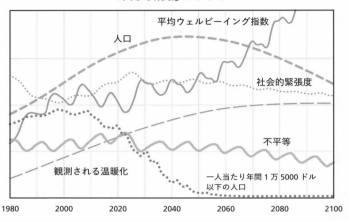

2. 人間によるフットプリント
「大きな飛躍」シナリオ

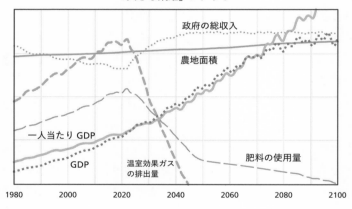

図 2.3 「大きな飛躍」シナリオを定量化し，1980 年から 2100 年までの世界の発展を 4 つのグラフで可視化したもの．これらのカーブはすべて 1980 年の値を基準にしており，それぞれの間の動的な関連を明らかにしている．最初のグラフは，1980 年に 44 億人であった世界人口が，2050 年代に 85 億人でピークを迎え，その後ゆっくりと減少し 2100 年には約 60 億人となることを示す．二番目のグラフは，一人当たりの所得（年間一人当たりのドルベースの GDP）が，「小出し手遅れ」シナリオと比べ，2050 年には 13% 高くなり，2100 年には 21% 高くなることを示す．三番目のグラフは，2050

3. 消費
「大きな飛躍」シナリオ

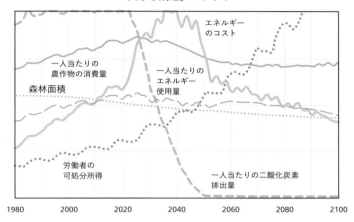

4. ウェルビーイング
「大きな飛躍」シナリオ

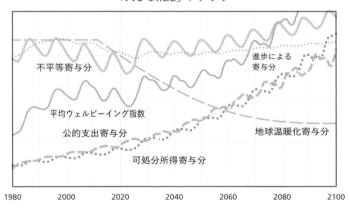

年までに一人当たりの温室効果ガスの排出量がネットゼロになることを示している．四番目のグラフは，「大きな飛躍」シナリオにおけるウェルビーイングのさまざまな側面を示している．世界の平均ウェルビーイング指数は，2020年代初めの変革の間には減少するが，その後今世紀の最後まで急速に上昇する．劇的な方向転換のインパクトが実現され，長期的な進歩の見通しが改善されるためである．出典：E4A-global-220501．モデルとデータは，earth4.life からダウンロード可能．

ティ住宅のためのパッシブハウス（省エネ・環境配慮型住宅）を設計している．彼女のパートナーは汚職に関するアナリストである．

　現在，サミハは食品エンジニアとして，収穫量を増やすための耐塩水性穀物の開発に取り組んでいる．余暇には，コミュニティセンターで子どもたちの家庭教師をしている．シュウは子どもを持たず，社会的ネットワークに時間をかけ，電気自動車の巨大なシェアリング会社のマーケティングとマネジメントに忙しい．洪水や暴風は日常茶飯事だが，その影響を軽減するための対策はとられている．要所に設けられた緑地，樹木や新しい都市・下水インフラが，この街を住みやすくしている．

　彼女たちの誰も，かつて1900年代に存在したような安定した気候を経験したことはない．しかし，異常気象が発生しても，都市や国全体が倒壊することはない．彼女たちがうまく対処しているのは，政府が彼女たちの未来に投資しているからだ．

　社会的緊張指数は，2020年代にピークを迎えた後，安定して減少している．それは社会的不安の減少を意味している．ウェルビーイングのレベルの向上により，国民は政府への信頼を取り戻し，その結果，教育や「国民皆保険（universal health coverage）」に効果的な支出を行うことができるようになった．このような展開は，ウェルビーイングや信頼のさらなる増加としてフィードバックされる．好循環する自己強化サイクルの一例である．健康的な食生活が普通となり，普遍的な医療が実現する．それが，さらに回復力があり豊かな社会の実現につながる．

　「小出し手遅れ」シナリオに比べ，「大きな飛躍」シナリオは，プラネタリーバウンダリーの範囲内に世界を戻しつつ，はるかに多くのSDGsを達成する．世界は理想郷にはほど遠く，紛争は依然として勃発し，気候変動は衝撃を与え，地球の長期的な安定は依然として不確かである．しかし，多くの痛みや苦しみは最小限に抑えられている．極度の貧困はほぼ解消され，気候変動が暴走するリスクは減少している．

　2100年に，シュウ，サミハ，カーラ，アヨトラは80歳の誕生日を迎え，波乱万丈の人生を振り返る．シュウは，中国での河川汚染の問題がどのように解

決されたかを振り返り，自分の街でカワイルカが元気に生息していることに驚いている．サミハの老後は国民年金と普遍的基礎配当によって賄われ，バングラデシュの女性の権利の歴史について著述している．カーラは自ら設計したパッシブハウスに住み，アヨトラは数兆円規模のナイジェリアの市民ファンドの諮問委員を務めている．

私たちは協働してどのようなシナリオを創っていくのか？

　これまでに2つのシナリオの概略を説明してきた．次章からは，「大きな飛躍」シナリオを実現するために必要な5つの劇的な方向転換について述べていきたい．なぜ，人々や政治家はその実現に努力しなければならないのか，そして，どうすれば実現できるのか？　この5つの劇的な方向転換を，貧困，不平等，女性のエンパワメント，食料，エネルギーの順に説明する．それは，貧困への取り組みは不平等への取り組みを加速させ，さらに，この2つの側面での進展は，女性のエンパワメント，食料，エネルギーの方向転換を加速させるために効果的であるという関連があるからである．

　なぜ貧困から始めるかというと，世界の貧困は現在でも人類が直面する最も深刻な問題のひとつだからである．何十億もの人々が尊厳ある生活水準を下回る収入で暮らしている「世界の大半」の地域にとって，この問題はいまだに最も深刻なものである．世界の最貧困層は，栄養失調に苦しみ，より多くの健康問題を抱え，教育へのアクセスが悪く，夜間照明がないことも多い（良好な教育への大きな障害のひとつ）．また，公的な議論において発言する機会もない．私たちは，この巨大な問題に過去数十年よりもさらに速やかに対処し，貧困地域の人々の生活の質を向上させることができるのだろうか？　もしそうだとしたら，具体的にどのようにすればよいのだろうか？

「Earth4All」モデルはどれくらい素晴らしいのか？

　1972年の『成長の限界』で提示された12のシナリオのいくつかを振り

返ると，過去 50 年間のグローバルでの重要な軌道を実際に驚くほど正確に追跡できていることがわかる．過去 50 年間でモデルの理解やデータの利用可能性が大幅に向上したことを考えると，Earth4All モデルが同じように成功することを希望している．しかし，それにはいくつかの留意点がある．

　まず，他のすべてのシミュレーションと同様，Earth4All モデルは実際には将来を予測できないという事実である．モデルでは，そこに組み込まれている仮定の結果がどうなるかを知ることしかできない．もちろん，最も重要な仮定を正しい方法で組み込めたと考えているが，それでも，Earth4All モデルは依然として現実世界を大幅に単純化したものでしかない．

　次に，モデルは出生率，経済成長，人口，ウェルビーイング，気候変動などの重要なシステム変数の趨勢を推定はできるが，将来の重要な出来事のタイミングや変数の絶対値はいかなる精度でも予測できないことを強調したい．モデルは，たとえば，公共サービスや経済開発への投資が人口や気候にどのように影響するかなどに関して，一貫した思考を行うのに有効である．このモデルでは，あるシナリオと別のシナリオとを比較して，たとえば，貧困がどれだけ早く解消されるかなどに関して，政策の相対的な効果を示すことはできる．ちなみに貧困は，「大きな飛躍」シナリオでは，「小出し手遅れ」シナリオよりも一世代早く解消できる．また，それぞれのシナリオで不平等や社会的緊張がどのように進展するかもわかる．社会的緊張は「大きな飛躍」シナリオでは減少するが，「小出し手遅れ」シナリオでは増大する．

　モデルの結論を解釈する際に留意すべき理由は他にもある．そのひとつは，世界はより不安定で，予測不可能な未来に向かっているという事実である．地政学的な緊張が高まり，各国はグローバル化の便益に疑問を投げかけている．そして，かつて強力だった民主主義が崩壊し始めている．人類は，気候の面では，まったく未知の領域に移行した．すでに最初の閾値をこえてしまった．産業革命前より 1℃ 高い気温上昇である．過去 1 万年

の人類の文明の全期間にわたって，地球がこれほど暑かったことはなかった．今後数十年に行われる決定によっては，今世紀はさらに多くの気候の閾値をこえるものと予想される．食料とエネルギーの生産は，地球上でこれまでに見られた規模を上回り，地球の生物圏に大きな影響を与え，間違いなく多くの大規模な災禍をもたらす．社会はどのように人口過密，大規模な干ばつ，大洪水に適応していくのだろうか？　エネルギー価格が法外に高くなり，穀倉地帯が同時に不作になった場合，人々はどのように対処するのだろうか？

　われわれのシナリオは，世界中の多くの地域において非常に壊滅的な結果を示している．しかし，それでも不確実性を考えると，シナリオが楽観的すぎる可能性を排除することはできない．モデルは，誰かがその必要性を感じた場合，より多くの暗澹たるシナリオを簡単に生成できる．『万人のための地球』で，われわれはそうしなかった．われわれは「大きな飛躍」シナリオに焦点を当てることを選択した．それは，より強力な社会的結束を通じて衝撃に対する回復力を構築し，崩壊ではなくウェルビーイングの向上につながる可能性のある経路だからである．

第 3 章

貧困との訣別

　想像してみよう．インドのある女性が，干上がった水田に絶望的な視線を投げかけている．農民である彼女は，前回よりも深刻な干ばつに再び襲われている．収入は激減している．せっかく収穫した米も，国際的な農業企業に安く売らざるを得なくなった．今では，干ばつに強い新しい種籾を買う余裕もない．緊縮財政のため，州政府も連邦政府もほとんど助けてはくれない．州の余剰資金はすべて，前回の経済危機の際に負った債務の返済に充てられている．気候変動，貧困，制度の不備が，彼女を，そして彼女の隣人を絶望の淵に追いやっている．種籾もなく，これからどうすればいいのだろうか？

　低所得国は皆，繁栄と持続的な発展を望んでいる．しかし，欧州，米国，日本，中国，韓国が陥った巧妙に仕組まれた陥穽を避け，より公平でクリーンな形で発展することはできないのだろうか？

　歴史的な事例をもとにしたわれわれの予測分析は，それが可能であることを示している．確かに公平かつクリーンで急速な経済成長は可能であるが，それには新しい経済モデルが必要である．現在の国際的な構造では，これらの国々が利用できる政策の選択肢は大きく制限されており，まずはそれを増やす必要がある．そのためには，現在の国際金融システム，貿易協定，技術共有の仕組みを変革する必要がある．気候変動と貧困という二重の課題に取り組む低・中所得国に対する制約を取り除くことが急務なのである．緊急に行動を起こさなければ，経済的な繁栄と同時に炭素排出量の削減やグリーンテクノロジーの導

図 3.1　貧困の方向転換．政策策定範囲の劇的な広がりが，この方向転換の基礎を形成している．世界的な金融，貿易，技術共有に関する大規模な変化があれば，低所得国の成長を可能にする新しい経済モデルが展開し始め，それに続く方向転換と組み合わせることで，グリーンかつ公平な方法で貧困を急速に削減することができる．

入を行うことは極めて困難である．

　現在の大気中の高いレベルでの炭素蓄積は，高所得国での過去 150 年以上にわたる急速な工業化の副産物である．しかし，今日その結果への対処を余儀なくされているのは，低所得国，つまり「世界の大半」である．低所得国は資源も技術も大きく不足している．しかし，地理的な条件から，気候の非常事態にさらされる可能性は高い．

　また，10 億人の富裕層が世界全体の資源消費の 72% を占めているのに対し，12 億人の貧困層（その大多数が「世界の大半」に居住）はわずか 1% しか消費していないこともわかっている．したがって，世界の最も豊かな社会は，最も多くの自然資源を消費しながら，最も少ない影響しか被っていないという，極めて不公平な状況にある[1]．高所得国が低所得国に対して可能な限りの支援を行うべきであることは，道義的に見ても歴史的に見ても明らかである．これは，気候正義の中心的な考え方である．新しい研究によれば，1 日 1.90 ドル以下で暮らす「極貧」層から数億人を救い出しても，世界での排出量

の増加は 1% 未満であるという[2]．そのレベルの増加は，世界の他の地域での対策により問題なく対処できる．

　気候変動と組み合わさった貧困は，何も低所得国だけに限ったことではない．たとえば，米国の貧困層や少数者のコミュニティは，ハリケーン・カトリーナのような異常気象の影響をより大きく受けることが調査で明らかになっている[3]．本章では国家間における不平等，すなわち，貧しい国々が直面する課題と実行可能な解決策を取り上げ，次章では国内における不平等に焦点を当てる．

私たちの現在の問題は何か？

　過去 50 年間で，極度の貧困は劇的に減少した．しかし，それでもなお，世界のほぼ半数が 1 日 4 ドル以下（一人当たりの年間 GDP が約 1500 ドルに相当）で生活する貧困状態にある．コロナ禍以前の試算では，持続可能な開発目標の 1（貧困をなくそう）などの世界目標を達成するためには，低所得国が年平均 6% 成長し，下位 40 か国の消費（または所得）が平均より 2% 速く成長する必要があるとされていた．しかし，コロナ禍は，貧困問題の解決の進展を6〜7 年遅らせたと推定されている．コロナ禍を考慮した新たな経済予測によると，経済開発が現状なりゆき（BAU）に戻った場合，2030 年までに最大で6 億人が極貧状態に陥る可能性があるという[4]．さらに，現在の経済システムにおいては，低・中所得国は貧困への対応か気候変動への対応かのどちらかを選ばざるを得ない立場に追い込まれている．

課題 1：狭められた政策策定範囲

　貧困と地球温暖化の両方に対処しようとする政府の政策策定範囲は，世界的な経済システムによって大きく制限されている．重い債務返済に起因する多くの制限により，金融の自由な流れは阻まれている．IMF や世界銀行などの国際機関を通じて，富裕国は低所得国の財政を強力に管理し，多額の利払いを引き出し，低所得国への投資資金を制限している．また，外国人投資家は，人的

資本や自然資本を考慮すれば，多くの場合，投入した資本以上の資金を低所得国から引き出している．そのため，結局，これまで本来貧困削減のために立案された政策は失敗するか，かえって状況を悪化させる結果となった．

　低所得国では，送電網，水供給，道路，鉄道，病院などの主要な開発事業やインフラに投資する資金（および貯蓄）が不足している．こうした投資がさらに増えれば，健全な成長モデルに拍車がかかるはずである．開発のためのリーダーシップ研究所（Institute of Leadership for Development）の創設者兼 CEO であるマッセ・ローは，「万人のための地球」構想の論文（Deep Dive ペーパー）の中で，このようなインフラ，とくに電力の不足により，アフリカ諸国は年間 3〜4% の成長を喪失していると指摘した[5]．

　多くの低所得国では，海外からの投資が重要な解決策のひとつと見なされている．しかし，現在の世界システムの中では，これらの国々への必要な資金や流動性（現金）の配分をするのは，政府ではなく，むしろ市場である．しかも，これらの資金は外貨建てであるため，もともと乏しい国内の資金は増え続ける外債の返済に充てられることになり，結果的に傷口に塩を塗ることになる．ちなみに，これには外国や多国籍企業からの資金も含まれている．

　このような状況は，世界的な経済主体によって積極的に助長されている．途上国政府は，資本の流れに対して自国の経済を完全に開放するよう要請されている．流動性の高い国際資本は，儲かると思った国や部門に資金を投入することができるが，その資金が貧困の緩和やエネルギー効率の良い設備の建設に投資される保証はない．通常，このような流動性は経済の金融部門，つまり株式やデリバティブに流れ込み，すぐに引き揚げられる可能性が高いのである．

　外国資本による経済開発，成長，福祉への貢献は，多くの国において極めて限定的である[6]．さらに，外国資本はしばしば国内投資を締め出したり（クラウドアウト），温室効果ガスの排出や公害に拍車をかけたりしてしまう[7]．基本的に手っ取り早く利益を上げることを目的とした逃げ足の速い資金が，その国の真の開発ニーズやクリーンエネルギーの増強に対応する長期的なプロジェクトに投資されることはほとんどない．そのような目的のための投資は，意図的，協調的，戦略的でなければならない．国内の経済政策の方が，それに対応

できる可能性ははるかに高い．

　低所得国の中には，諸問題への対応能力が，世界的な経済構造によってさらに低下してしまっている国がある．利用可能な資源の大部分を債務と利払いに向けざるを得ないためである．世界銀行によると，2020 年に低・中所得国の債務は 8.7 兆ドルに増加した．その中で，世界の低所得国の債務負担は 12％増加し，過去最高の 8600 億ドルに達した．その大半はパンデミックへの対応に関連するものであった[8]．

　経済学者のリチャード・ウォルフによれば，最貧国のうち 34 か国は現在，気候変動問題に費やすよりもはるかに多額の債務返済（主に富裕国への）を行っている．同様に，パンデミックに対応する医療への支出によっても影響を受けている．実際，債務負担が急増したため，多くの低所得国で経済成長が滞ることとなった．そのような状況にない国では，多国間機関による従来からの勧告に忠実に従い，債務負担を非常に低く抑えている場合もある．しかしそのような国は，福祉制度への投資や資本集約的かつ大規模なグリーン投資のための支出を制限することでしか，それを実現することができない．

課題 2：破壊的な貿易構造

　世界貿易の拡大は，当然ながら，モノやサービスの生産，輸送，消費のさまざまな段階でどれだけの二酸化炭素が排出されるかという懸念を想起させる．現代の自由貿易モデルの支持者[9]は，適切な状況下であれば，現在の世界貿易構造は貧困や気候の目標に適合すると主張している．よりクリーンな生産国が有利になるように国際貿易をシフトさせ，汚染国に技術的解決策を採用するよう動機付ければよいと考えているのだ．

　しかし，これは，高所得国がそのような展開を妨げる構造的なハードルを認識し，それに対処した場合にのみ実現できる．実際には，現在の世界貿易の仕組みは，気候変動と貧困の両方に対処するのに必要な転換を妨げている．

　高所得国は低所得国に生産をアウトソーシングし，コスト削減の恩恵を受け，低所得国は多くの労働者の雇用と賃金の増加により便益を得ている[10]．一方で，アウトソーシングは，同時に低所得国に高汚染産業と炭素排出の増加を

もたらす．それにもかかわらず，炭素排出の責任は，現在の標準的な方法では，その国の境界内の排出に基づくものとされていると，「万人のための地球」構想の「変革のための経済学委員会」のジャヤティ・ゴーシュ委員と彼女のチームは指摘している[11]．この場合，製品の消費国，すなわち高所得国の責任は問われない．

　このプロセスの結果，高所得国は国境をこえた貿易を利用して，排出量を生産国に効果的に「輸出」することができるようになった．生産国は，厳しい国際競争のもとで，輸出された炭素排出を削減する責任を負わされている．しかし，低所得国が国内規制や保護主義的措置，さらにはリサイクル可能な廃棄物の輸入規制などを通じてこれに対処しようとすると，自由貿易に反するものであると不当な批判を受ける．そして，しばしば提訴される．

　そもそも低所得国には，炭素の排出を測定し管理するための知識，技術，財源すらない場合が多い．それなのに，消費に起因する排出と生産に起因する排出の区別がないため，高所得国は責任を回避できるだけでなく，低所得国の炭素排出に関税の負担すらかけることができる．たとえば，国境炭素税は，高排出国，すなわち低所得国で生産された商品の輸入に課税することで，排出量を抑制することを目的としている．この場合も，その税収は，高所得国の製品需要を満たしている低所得国の生産者ではなく，高所得の消費者に移転される．

課題3：技術アクセスのハードル

　高度な材料から再エネに至るまで，新技術は地球温暖化対策の鍵を握っている．事実上，あらゆる温暖化対策のモデルにおいて，炭素排出と環境悪化に対処するために，現在および将来のテクノロジーが何らかの役割を果たすことが想定されている．しかし，残念ながら，そのようなグリーンテクノロジーの多くは，低所得国にはアクセス不可能である．これは，技術的に実現不可能だからではない．技術移転の枠組みが低所得国に利用を許さないためである．事業をグリーン化し，貧しい人々にワクチンを提供し，経費を削減するために，低所得国はそのような技術を切実に必要としている．にもかかわらず，知的財産権に関する制限的な法律や国際通貨への法外に高いアクセスのため，低所得国

図 3.2　貧困の終焉．実線は，一人当たりの所得が 1 日 40 ドル（年間 1 万 5000 ドル）以下で暮らす人が何百万人いるかを示している．「大きな飛躍」シナリオでは，2050 年以降すぐにゼロになるが，「小出し手遅れ」シナリオでは，一世代遅れて今世紀末となる．

はそのような技術を利用できないでいる．ただでさえ財政に制約のある国々がさらに圧迫され，悪条件を受け入れるか，必要なテクノロジーへのアクセスを断念せざるを得ない状況に追いやられている．

貧困の方向転換：課題への挑戦

　われわれの目指す最初の方向転換は，30 億から 40 億の人々が貧困から脱却できるようにすることである（図 3.2 参照）．破綻した経済システムを改革し，成長の質と量の両方に重点を置いて再起動させることで，低所得国は 2050 年までに少なくとも一人当たり年間 1 万 5000 ドル（一人当たり 1 日約 40 ドルに相当）のレベルに到達できる．この水準に達すれば，これらの国々は，食料，健康，教育，清潔な水といった社会的な SDGs のほとんどを達成することができる．この方向転換は低所得国の将来を保証できるように設計されている．低

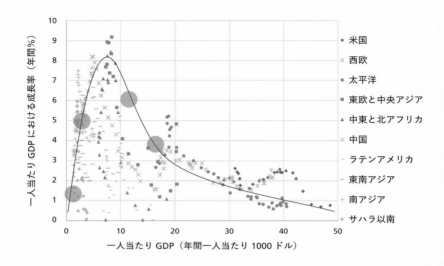

図 3.3　世界の主要な地域のすべてで，経済発展は同じパターンを示す．まず，成長率が約 6〜8% に達し，その後約 1〜3% に減少する．図中の「点」は 1980 年から 2020 年までの地域別成長率を 10 年間の平均値で示したものである．「大きな円」は，南アジア地域が「成長のガイドライン」に従って，2050 年までに貧困状態から中所得レベルへと方向転換できることを示している．ただし，2017 年の購買力平価ドル（PPP）で一人当たり年間所得を測定したもので，この値は一定とした．データ出典：Penn World Tables 10; UNPD.

所得国がウェルビーイングに焦点を当てた経済を構築し，それと密接に関連しているエネルギーと食料の方向転換をプラネタリーバウンダリーの中で実現することが可能となるからである．

　国が豊かになるにつれて（図 3.3 の横軸），年成長率（縦軸）は，まず低い値から上昇し，6〜8% 程度でピークを迎えた後，長い下降に転じる．貧困の方向転換は，低所得国がピークの左側から右側へ移動したときに達成される．これを迅速に行うには，低所得国が行動に必要な政策策定範囲を獲得し，必要な資金や技術へのアクセスを公正かつ実行可能な条件で確保する必要がある．

解決策 1：政策策定範囲の拡大と債務への対応

　生産性の高いインフラの構築は，先行投資に大きく依存する．このような資源の動員は，各国政府の積極的な取り組みなしには，迅速に行われる可能性は極めて低い．財政政策（政府が支出できる選択肢と方法）は，必要な投資を生み出すための効果的なツールとなり得る．このような投資を実現するためには，公共投資の拡大だけでなく，民間投資も目標に沿うように規制やインセンティブを変えることが必要である．公共投資の資金調達には，富裕層や大企業への増税，負債融資，中央銀行や開発銀行の建設的な活用など，さまざまな方法がある．

　このような政策策定範囲を広げる方法は，原理的には低所得国でも利用可能であるが，実際には強力な国際金融構造によって大きく阻害されている．これを逆転させるためには，まず，債務救済を必要とする低所得国に，救済を認める必要がある．この救済は，低所得国が気候変動から身を守り，経済を変革するために，より多くの資金を投入することを支援する．法人税増税のための国際的な協調を強化すれば，税制上の政策オプションが制限されている小国への圧力を緩和できる．

　この問題の世界的な性質を考えると，グリーンニューディールに関する世界的な協力は世界の生産システムをより環境に優しい道へと移行させる可能性がある．それはまた世界中で数百万の高賃金の仕事を生み出し，貧困という難題に打撃を与える可能性もある．

　最後に，高所得国は，多国籍企業が低所得国のブラウン産業（高汚染または炭素集約的な分野の産業）へ投資するのを規制し，その代わりにグリーン産業（炭素集約度が低く，持続可能な経済への移行を支援する分野の産業）に投資するよう誘導することができる．経済成長を目指す低所得国には，大企業が汚染産業に投資しようとする場合，それを是認する以外に選択の余地はない．したがって，高所得国の政府は，自国の大企業（多国籍企業）を規制する責任をより強いものとする必要がある．

解決策 2：金融構造を変革する

負債は，切り立った山に積もった深い雪のようなものだ．ほんのわずかな動きであっても，雪崩の引き金となる．低所得国は外貨準備高（国際経済における流動性）を外国資本に依存しているため，資本逃避がより大きなダメージとなる．資金が急速に流出すると，低所得国は重要な輸入品の代金を支払うことができなくなる．多額の債務を抱える国では，資本逃避によって外貨準備高が減少するだけでなく，自国通貨の価値が低下し，すでにある債務と利払いが増加してしまう．負債によって増大した流動性の欠如は，低所得国の経済を麻痺させる可能性がある．流動性の欠如は，低所得国の経済を破綻させ，積極的な投資を行うことができず，気候変動や貧困緩和のために資金を支出する能力も低下させる．

パンデミックの際，米国のような一部の国は，政府融資や「量的緩和」を通じて数兆ドルもの現金を，低迷する経済に注入できる「驚異的な特権」を持っていることが明らかとなった．他の国も同じような対策を取ることができるのだろうか？　理論的には，自国通貨を持つ国ならどこでも可能であるが，実際にはもっと厄介だ．IMF は 1969 年以来，特別引出権（SDRs）を通じて，その国の通貨で融資する権限を与えられている．SDRs は国際的な準備資産（通貨のように機能する）であり，国と通貨システムの信頼を維持するための裏付けとなるものである．問題は，SDRs が低所得国よりも富裕国にはるかに多くの利益をもたらしていることである．

2021 年，パンデミックに対抗するため，6500 億ドルの SDRs が IMF 加盟国に割り当てられ，使用されることになった．残念ながら，IMF の割当制では，SDRs が主に GDP に基づいて付与されることを意味するので，このうち 4000 億ドルは，SDRs をあまり必要としない豊かな国々に渡った．この不完全な規定にもかかわらず，この配分は，国際収支の問題に悩むいくつかの低所得国の助けとなった．注目すべきは，SDRs は各国の債務負担を増やさず，無条件で利用できることである．したがって，SDRs をより効果的に利用する余地は十

分にある．低所得国に対するSDRsの利用可能性の拡大，SDRsをより頻繁に割り当てるオプションの検討，気候金融信託の設立の基礎としてのSDRsの利用，SDRsを活用した地域開発銀行による気候関連投資の強化などが可能である[12]．中期的には，「世界の大半」の国々が低コストで自国通貨による借入ができるように，外債とその取引システム全体を完全に変革する必要がある．これは，現在，高所得国に与えられているのと同じ「驚異的な特権」をすべての国に与えることを意味する．

　もうひとつの有望な解決策は，通貨の双方向市場，とくに現在民間市場が存在しない長期の市場を確立するための，仮称「国際貨幣ファンド（International Currency Fund）」という新しい多国間機関の設立であろう．「国際貨幣ファンド」は，SDRsを補完する形で，投資家，借り手，援助者，企業，外国為替の送金者に対し，通貨エクスポージャー（他国通貨で投資を行う際に生じるリスク）を相殺する相手を見つけ出し，あるいは，自らがその役割を果たすことで金融市場の機能を向上させることができる．多国間取引を優先的債権者として取り扱うことにより，取引に必要な担保を減らすことができ，また，現地市場の発展を助け，流動性を高め，資産としての通貨リスクに個人投資家を引きつけるような商品を提供することができる．

解決策3：世界貿易を変革する

　世界貿易システムを改革して，低所得経済に影響を与える障壁に対処するいくつかの重要なステップがある．

　最初のステップは，貿易協定との関連で二酸化炭素の排出をどのように配分するかを再考することである．最も重要なことは，二酸化炭素の排出量の算定とそれを管理する政策の検討に当たっては，モノやサービスの「生産」と「消費」を区別する必要があるということである．これは，現在まで行われてきたように，単に国境内のすべての排出を対象とするのではなく，「モノの消費による排出か，モノの生産による排出か」を明確に特定し，その2つを区別して課税や規制を行うことを意味する．これにより，歴史的に気候変動にはほとん

ど与ってこなかった低所得国が，高所得国が享受してきたのと同じように成長による果実を求めても，不当に罰せられることがなくなる．また，二酸化炭素の排出を単に低所得国にアウトソースしようとする国は，そうすることができなくなる．さらに，これにより物質的フットプリントを，本来抑制すべきところで抑えることが可能になる．

　同様に，輸入規制によって国内の新産業を国際競争から保護する「幼稚産業モデル」の概念を復活させる必要がある．このモデルは，韓国や中国などの経済が中所得国の罠から脱出するときに非常にうまく機能したものである．グリーン産業を，国際的な大手企業との拙速な競争から守る必要性を認識することにより，低所得国は長期的に持続可能な地域のグリーン産業を発展させることができる．

　最後に，地域内貿易の役割について再考する必要がある．軽量級のボクサーが重量級ボクサーと対決させられることはない．それと同じように，低所得国の間の貿易を保護し，促進することは非常に理に適っている．ちなみに，地域の生産と消費のマッチングを促進することは，サプライチェーンの短縮，発展途上の産業の耐久性の強化，新しいグリーン市場の成長に必要な時間の確保にも役立つ．

解決策4：技術へのアクセスの改善と技術のリープフロッグ

　低所得国が気候変動や貧困の対応に必要な技術にアクセスするのを阻む障害も克服しなければならない．この点に関しては，短期的な対策と中長期的な対策の双方に多くの手段が存在している．

　短期的な対策としては，現行の知的財産権制度に，技術へのアクセス権の付与を義務付けることである．知的財産権に関連する国際条約は，当初，知的財産所有者に他者へのアクセスを義務付けることを目的として設計された．WTOの「知的財産権の貿易関連の側面に関する協定（TRIPS）」はその一例である．しかし，時が経つにつれ，低・中所得国に対するWTOの判例により，関連の条項は大幅に弱められてしまった．気候変動をターゲットにして，その

条項を拡大し強化すれば，技術移転の過程を大幅に加速できる．同様に，低所得国が必要としながらもアクセスできないグリーン技術や医療技術については，TRIPS 免除条項（国内の知的財産法は，WTO における提訴から免除される）の適用を検討する必要がある．

　さらに進んで，そのような技術を開発した国は，立法，奨励その他の措置により，開発企業が低所得国の企業や政府と協定を結ぶよう強制することができる．実際には，一部の企業は，実質的な技術移転を避けるために条約を作為的に利用したりしている[13]．技術を開発した国の政府は，多国籍企業を低所得国よりも効果的に規制し強制できる立場にあり，そのために大きな責任を負う必要がある．

　最後に，知的財産権に関する体制全体を見直し，より責任ある方法で特許の利用を支援するようにするのが急務である．特許の選択的な活用は，短期的な投資を誘引する効果はあるが，現在の制度は，ライセンス収入などの確保のため長期的に特許を保持することを強く推奨してしまっている．イノベーションをより利用しやすくするシステムへと戦略的にシフトすることで，新しい技術が開発されたときに，それを必要とする国へより容易に展開できるようにする必要がある．

解決策を阻むもの

　解決策がこれほどまでに明確であるならば，低所得国の足かせとなっているものは一体何だろうか？　それは，ここで提案している解決策の多くは非常に急進的であるため，実施には大きな障壁が予想されることである．慣性と経路依存性（数十年，数百年前の選択に依存したシステムの発展）のため，現在の金融システムは現状維持に大きく偏っている．広く普及した成長に関する自由市場モデルへの信奉から，現代の政策に顕著な反規制への重度の傾斜に至るまで，進歩を阻む大きな障害物が数多く存在するのである．

多国間機関

　低所得国が金融資本を呼び込むために，IMFや世界銀行などの多国間機関は，「規律的」あるいは金融システム全体のリスクに対処して安定化を図る「マクロプルーデント」な改革を実施するよう，それらの国に促してきた．そのような改革は，その国民の利益よりも，国境をこえた民間の投資家の利益を優先させる傾向がある．それは，貧困や基本的ニーズに対処するために必要な国家の介入を妨げるものである．このような改革は，国家が負債を用いて福祉プログラムの資金を調達する能力を抑制し，資本フローに制限を加え，増税すらも迫る．このような改革を行わない国，あるいは改革から逸脱した国は，国際的な信用格付け機関により格下げされ，リスクの高い投資先と見なされてきた．

　この信用格付けは，危機の際に政府が国民をどれだけ助けられるかを決する重要な要素である．最近の研究論文によれば，信用格付けは，新型コロナの流行時に各国が提供できた財政援助の規模や迅速さと相関している[14]．低所得国の政府は，格下げによって資本逃避や資金の国外流出が起こり，経済危機に陥る可能性があるため，信用を失うことを極めて警戒している．格付けを維持するために，厳しい緊縮財政を行い，貧困緩和やグリーン移行に必要不可欠な公共投資を制限することさえある．

認識された腐敗と実際の腐敗

　高所得の国や企業が合理的かつ信頼性のある投資を行うようにするためには，低所得国は，「認識されている（perceived）腐敗」と「実際の（actual）腐敗」の両方に対処する政策を講じる必要があることは，従来から指摘されてきた．確かに，低所得国における組織の実際の運用に腐敗の懸念があれば，それは全体的な改革を阻む要因になってしまう可能性がある．しかし，もうひとつ重要なことは，高所得国の企業自身が汚職の障壁を維持する役割を果たしてしまう可能性があるということである．たとえば，南アフリカでは，ゾンド委員会の不正疑惑に関する報告書に，同国における大規模な汚職の発生と助長に多国籍企業が果たした役割が詳細に記されている[15]．コストを最小限に抑えよ

うとする企業は，単に法制度の緩みにつけこむ方が容易だと気がつく場合がある．こうした高所得国サイドの事情も腐敗の撲滅に対する大きな障壁となる可能性がある．

仲裁と訴訟

　現在の法的枠組みは，高所得国や多国籍企業に与するよう大きく偏っている．インドや中国などは，太陽光パネルの生産を拡大しようとした際に，WTO の法的権力に直面した．同様に，モンサントのような大企業は，種子関連の特許侵害を理由に，法制度を使って低・中所得国の農民を執拗に追及してきた．このような制度の保護は，民間企業による技術革新と投資を促進するために必要だという主張がある．しかしその主張は，この制度が，汚染行為から脱却するために技術を必要とする国や組織を締め出す結果になり，技術革新を放棄するか，あるいは他の分野から必要な資金を流用しなければならなくなるという現実を無視したものである．大企業が訴訟にかかわっている場合，通常，その企業には拠点を構える国の政府からの後ろ盾がある．最終的には，低所得国がグリーン雇用を創出し，グリーンな生産能力を構築するのを妨げてしまう．

結論：貧困の方向転換

　ここまで，低所得国において貧困の方向転換を達成するために不可欠な 4 つの解決策を提示してきた．それらは，「政策オプションの拡大」，「債務と大規模な金融インフラによる影響への対処」，「世界の貿易構造の再構築」，そして「技術移転システムの修復」である．これらの解決策だけで方向転換できるというわけではないが，貧困との闘いを，気候変動に配慮した方法で進めるために必要なものであることは間違いない．図 3.4 は，地域ごとの結果を可視化したもので，方向転換しない場合（「小出し手遅れ」シナリオ）と方向転換が完了した場合（「大きな飛躍」シナリオ）の 2050 年の一人当たり所得を示したものである．

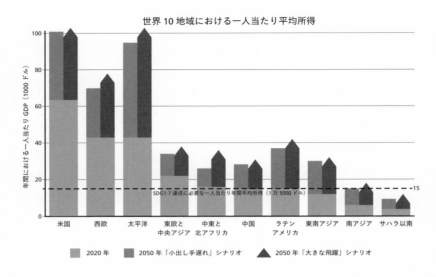

図 3.4　2020 年および 2050 年の「小出し手遅れ」シナリオ並びに 2050 年の「大きな飛躍」シナリオにおける 10 地域の一人当たり年間平均所得．出典：E4A-regional-220401.

　要するに，これは，国民のウェルビーイングを高めることができる「積極的で有能な政府」が必要だということである．その鍵は，経済が上向く最初の数十年間に労働生産性を高めることであり，市場による解決策では十分でないことを認識し，大多数の労働者の利益のために強い国家を築くことである．

　これから世界を席巻するエネルギー革命と食料革命は，100 年に一度の変革の機会であり，低所得国にとって，このような包括的な改革がもたらす経済的機会には計り知れないものがある．低所得国の経済は，時代遅れの技術をリープフロッグして（蛙が跳ぶように一足飛びにこえて），ひどい汚染を避け，歴史的かつ世界的な不平等の負の遺産から脱却できる可能性がある．

　この変革の規模を過小評価してはいけない．2050 年までに SDGs を達成するためには，低所得国全体で，年率で少なくとも 5% の経済成長を直ちに実現させる必要がある．しかし，多くの低所得国では，この 10 年間成長が停滞している．パンデミックはこれらの脆弱な経済をさらに疲弊させ，気候変動への適応は低所得国の希少な資源を枯渇させ始めている．これはすでに非常事態で

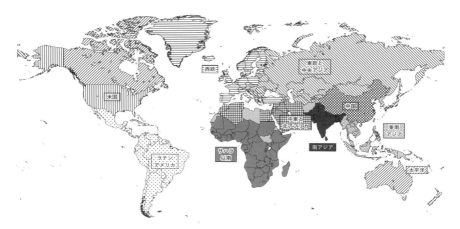

図 3.5　Earth4All モデルで使用された世界の 10 の地域.　出典：mapchart.net.

ある.

　この最初の貧困に関する方向転換は低所得国に焦点を当てたものだが，もちろん，解決策の多くは中所得国や高所得国にも適用できる．世界的な金融システムは，結局のところ，過ぎ去った時代に構築されたものである．それは，確かにある種の平和，安定，繁栄の構築には貢献した．しかし，その断層はいたるところに見られ，人新世の時代にそぐわないものであることは明らかだ．しかし，究極的に，未来の変動に強い新しい経済エコシステムを構築するためには，経済成長の「量」，すなわちその大きさに焦点を当てた近視眼的なアプローチから脱却することが不可欠である．その新しい経済エコシステムは，ウェルビーイング，つまり経済成長の「質」を優先させる場合にのみ成功する．そのためには，次の章で取り上げる，世界に蔓延する不平等への対処が必要である.

第 4 章

不平等の方向転換

「配当の共有」

　国民が経済的に平等な国はより良く機能する．それらの国は社会的結束が強く，少数ではなく多数の利益をもたらす長期的な視点から集団的決定を下すことができる．つまり，『万人のための地球』の目標が，長期的に文明を守るための集団行動であるならば，平等の拡大は，われわれが見つけることができる特効薬に限りなく近いものである．

　新しいデータにより，ここ数十年の所得格差に関連する明確なパターンを見ることができるようになった．より平等な国は，所得格差が大きい国々に比べて，人々のウェルビーイングや達成感にかかわるあらゆる分野でより良好な成果を上げている．コスタリカのような低所得国でもスカンジナビア諸国などのような高所得国でも，より平等な国は，信頼，教育，社会的移動，長寿，健康，肥満，子どもの死亡率，精神衛生，犯罪，殺人，薬物の濫用，その他数えきれない項目に関して良好な結果を出す傾向にある．直観に反して，たとえば北欧諸国のようなより平等な社会の富裕層は，米国，ブラジル，南アフリカのような大きな不平等を抱える国の富裕層よりも高い水準のウェルビーイングを得ている．

　平等の方向転換は，新しい経済パラダイムに向けて着実に推進すべき 3 つの主要なレバーで構成されている：

- 個人や企業による所得と富に対する，より累進的な課税[1]．
- 労働者の権利と労働組合の交渉力の強化．

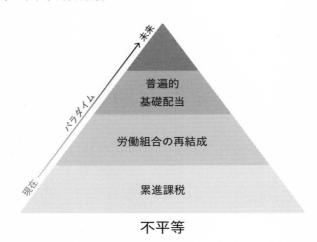

図 4.1 不平等の方向転換．富に対する累進課税と資産への課金は，所得をより公平に分配する．労働者は，労働組合の再結成や労働者をエンパワーする他のメカニズムを通じて「保護」と「公正な報酬」を獲得する．普遍的基礎配当は，市民ファンドに集められた共有資金から市民が恩恵を受けることを可能にする．これは，この変革が進む不安定な数十年の間，市民に不可欠なセーフティネットを提供するなど複数の共便益（co-benefits）をもたらす．

- 大変革の時期に繁栄を分かち合い，安心を提供する革新的なセーフティネット．たとえば，「普遍的基礎収入」や「普遍的基礎配当」といった大きなアイデア．

　本章では，国内の経済的不平等，つまり低所得国か高所得国かにかかわりなく，富裕層と貧困層の間の所得や富の格差に焦点を当てる．不平等は所得や富だけでなくより広い範囲に及ぶが，不平等のそれ以外の側面（たとえば，ジェンダー平等）については他の章で扱う（第 5 章参照）．

　まず，第一の主要課題は，近年，国内での所得分配が間違った方向に進んでいることである．欧州を除く世界のすべての地域において，10 年単位で国の不平等が進行している．社会の下位 50% が総収入に占める割合は 15% 以下であるのに対し，最富裕層の 10% が総収入に占める割合は 40% をはるかにこえ，多くの地域では 60% 近くに達している[2]．

　不平等の方向転換の鍵となる目標は，社会の上位 10% の最富裕層の総収入

が，下位 40% の最貧困層の総収入をこえないようにすることである．これは，貧困層の 4 人分の年間所得の合計が，上位 10% の 1 人の年間所得と同じになることを意味する．これが不平等の許容範囲と考えられている[3]．このレベルの不平等をこえると，社会問題や健康問題がより深刻になり，社会の結束力が弱まる．それによって政府が長期的な意思決定を下すことがより困難になる．

Earth4All モデルは，ウェルビーイングと不平等の両方の変化を追跡し，画期的な「社会的緊張指数」と「平均ウェルビーイング指数」を通じてこれらを把握する．社会的緊張指数は，とくに不平等に関連する潜在的な二極化を示す指標である．指数の上昇は二極化の強まりを示しており，それは多くの場合，社会内および社会全体の強力な集団行動の助けとはならない．「小出し手遅れ」シナリオでは，富裕層のエリートがますます権力を持ち，他のすべての人々から距離を置くようになり，社会的緊張が高まる．当然ながら，このモデルは次に何が起こるかを予測することはできない．しかし，政府などの政治機関がすべての人を巻き込んだ大変革の実施に苦戦するのは容易に想像がつく．好景気と不景気のサイクルと，最も脆弱な人々に対するセーフティネットの縮小は，絶望と憤りを引き起こす．「万人のための地球」構想の「変革のための経済学委員会」の委員であるリチャード・ウィルキンソンとケイト・ピケットは，「各国が富を共有し，より大きな平等を約束する一連の政策を実施すれば，心理的条件を好転させる扉を開くことができる」という重要な指摘をしている[4]．それにより，「大きな飛躍」シナリオが提唱する持続可能性への変革に必要なレベルの社会的信頼が構築できる．

　私たちはどうすればこのレベルの平等を実現できるのだろうか？　克服しなければならない問題を検討する前に，不平等を減らすための解決策を，3 つのグループに大別して以下にその詳細を示す．

　まず，可処分所得をより公平に分配することが出発点となる．これは，累進的所得税，つまり所得の高い人により高い税率を課すことで達成できる．しかし，それでは話の半分にもなっていない．金融資産は所得の増加よりもはるかに高い割合で蓄積されているため，相続税や富裕税でも累進性を高める必要がある．富の蓄積に比例して課税されるようになるまで，貧富の差はますます拡

大することが避けられないからである．グローバル化のもとでは，金融の抜け穴を塞ぎ，海外のタックスヘイブンへの資金流入を食い止めるための国際的な取り組みも強化する必要がある．これは，多国籍企業に対する監視の強化を意味する．企業に対する国際的な最低税率の設定も，大きな意味で平等を支えることにもなる．これは 2021 年にほとんどの富裕国によって合意されたが，わずか 15% という税率にとどまったのは多くの人にとって驚きであった．

　次に，国民所得に占める労働者の所得の割合を高めるためには，労働者の権利と交渉力を強化する必要がある．数十年にわたる組合と労働者の力の衰退を考慮すると，団体交渉は大いに支援される必要がある．また，より多くの労働者が共同経営者として権限を与えられ，取締役会に席を得て，意思決定にかかわるべきである．エネルギー，食品，運輸，重工業などの産業部門における変革の激動期に，労働者は取り残されるのではなく，企業の大胆な行動を支持し，経済的転換の恩恵を受けられるようになる必要がある．

　最後に，われわれの最も大胆な提案は，すべての国で普遍的基礎配当を実行するための市民ファンドを検討することである（これについては第 8 章で詳しく説明する）．この提案は，化石燃料，土地，不動産，社会的データなどの共有資源から徴収した富の一部を移転するのに効果的であることが証明されている方法に基づいたものである．これは富をより公平に再分配することに加え，社会の変革期に不可欠な個人の経済的安定を提供し，創造性，革新性，起業家精神を呼び起こす可能性がある．

経済的不平等の問題点

　1950 年から 1980 年にかけて，欧州，米国，その他のいくつかの国では，国内における不平等が実際に縮小した．この驚くべき変化は第二次世界大戦後の 30 年の間に起こったものであり，社会的，政治的，技術的に大きな変革を遂げ繁栄した．しかし，1980 年以降，最富裕層とそれ以外の人々との格差は，10 年単位でますます拡大してきた．今日，世界の人口の半分は，富に関して言えば世界のパイのわずか 2% しか所有していないが，10% の最富裕層は 4

分の3以上（76%）を手にしている[5].

　不平等に対する政治的に受容可能な解決策は，パイをさらに大きくすることだと思うかもしれない．経済成長によって問題は解決され，人々の繁栄とウェルビーイングは螺旋状に上昇し，最終的には誰もが幸せになる．低所得国の場合，この方法はある程度有効である．平均寿命，教育，ウェルビーイング，幸福度は，国の発展の初期には急上昇する．しかし，高所得国の間では，これ以上の強い経済成長は，もはや健康，ウェルビーイング，幸福度の向上にはつながらない．高所得国の中には，他の国の2倍近く裕福な国もあるが，国民がより良好な健康やウェルビーイングを享受している兆候はない[6].現在のような大規模に金融化された世界経済の下では，パイが大きくなれば，すでに最大のシェアを持つ人々がますます大きな取り分を獲得することが保証されている．

　なぜ不平等は社会にとって良くないのであろうか？　不平等が大きいと，より懸命に働くために必要なインセンティブが得られるという見方もある．しかし，それを裏付ける証拠はない．これまでの証拠が明確に示しているのは，極端な不平等は社会にとってむしろ破壊的になるということである．

偏った政治力

　富は経済的，政治的な力の重要な源泉である．極端な不平等は，権力がますます超富裕層や最も価値のある企業に集中することを意味する．このことは，社会一般，とくに民主主義国家にとって，非常に不安定な状況をもたらす．なぜなら，民主主義国家の基本原則は，公正な代表制の実現だからである．

　2007年から2009年に起こった世界的な金融システムの壊滅的な事例を考えてみよう．そこでは，金融部門の人々は，桁外れの政治的権力を行使した．完全なメルトダウン（崩壊）を防ぐために，政府は破綻した銀行の支援に何兆ドルもの資金を投入した．その一方で，世界中の市民は，厳しい緊縮財政によって，この失敗の代償を払うことを余儀なくされた．経営状態の悪い銀行が救われ，さらに大きな利益を上げるようになった——しかも同じ経営者のもとで．こうして生じた不公平感は，社会の分断と誤った情報を助長するポピュリスト的指導者の台頭と結び付いた．

　もうひとつの例として，フランスの「ジレ・ジョーヌ（黄色いベスト）」運動を取り上げよう．2015年の気候変動に関するパリ協定の合意を受けて，フランスのエマニュエル・マクロン大統領は，温室効果ガス排出量の多い自動車やバンからの転換を促すため，燃料税の引き上げを提案した．その結果，ガソリン価格は上昇し，何週間にもわたる抗議を呼び起こし，最終的には何百万人もの人々を巻き込む運動となった．そして，排出量を削減するための長期的な政策は，数十年にわたる経済停滞によって最も打撃を受けた低賃金労働者と中産階級の労働者によって切り崩されてしまったのである．彼らは，政治体制は裕福なエリートの手のひらの上にあると確信し，協力を拒んだ．解決策は多数派に受け入れられるものでなければならない．そうでなければ，数十年にわたる漸進的進捗しか期待できないという，破局的な事態を招く危険性がある．

富裕層の過剰消費

　政治的な影響のほかに，不平等は社会にもうひとつの悪影響を及ぼす．極端に不平等な社会では，より高い地位への欲求が極端な物質主義や贅沢な炭素消費を促す[7]．世界的に見ると，全排出量の約半分（48%）が10%の富裕層によって占められている．そして，1%の最富裕層は，驚くべきことに地球上のすべての化石燃料からの排出量の15%も占めており，その割合は今も急速に上昇している[8]．

　非常に不平等な社会では，人々は社会における自分の地位に不安を感じ，他人からの評価を気にし，デザイナーズブランドやより高価な車など，地位を示す製品を探し求める傾向がある．SUVや大陸間の終わりのない高速移動には，高い炭素排出が伴う．しかし，これは無限にループするゼロサムゲームなのである．私たちひとりひとりが他の全員よりも高い地位につくことはできないのである．また，さらに消費すべきという圧力は，すべてを崩壊させる可能性がある．借金や破産は，より不平等な社会でより広く見られる．

　「万人のための地球」構想の「変革のための経済学委員会」の委員であるアンダース・ウィジクマンとルイス・アケンジは，「過剰な物質消費を奨励する根本原因に対処し，人々が本当に必要とするものに物質消費を集中させること

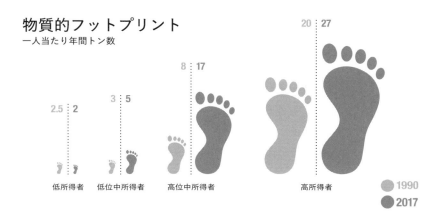

物質的フットプリント
一人当たり年間トン数

2.5 : 2	3 : 5	8 : 17	20 : 27	● 1990
低所得者	低位中所得者	高位中所得者	高所得者	● 2017

図 4.2　1990 年から 2017 年までの間において，物質的フットプリント（一人当たりの物質消費量を年間トン数で表したもの）は，高位中所得者や高所得者では劇的に増加したが，低所得者ではわずかに縮小した．データの出典：UNEP & IRP GRO-2019, fig. 2.25.

が大切であり，それが『万人のための地球』の 5 つの劇的な方向転換のすべてを加速させることに貢献する」と指摘する．われわれは，自然資源の過剰消費によって環境への影響がますます大きくなることを知っている．それはまた，ウェルビーイングにも悪影響を及ぼしている．たとえば，食料の過剰消費による健康への影響はよく知られている．さらに，メンタルヘルスの問題は，資源の消費量が多い国に集中している．『万人のための地球』の 5 つの方向転換で明確に認識されているように，持続可能な未来には不平等の削減が不可欠である．最も裕福な国の人々は，世界の環境破壊に関してはるかに重い責任を負っている．富裕層の消費の多くは，過剰なコストを社会に押し付けている．そのコストは，彼らが支払った消費財の市場価格では，到底賄うことはできない．この問題を解決するには，社会と経済のあり方を根本的に変える必要がある[9].

コモンズの囲い込み＝私有化
　富の蓄積あるいは不平等を生み出す要因のひとつは，何世紀も前に導入された「囲い込み」である．私たちの土地の多くは，かつてコモンズとして管理さ

れていた．しかし，時を経て，新しい管理システムが開発された．政府，植民地宗主国，その他の「権威」は，財産権と土地の所有権を認めた．そして，かつては誰もが共有し，何世代にもわたって持続可能な方法で管理されていたオープンランド（すべての者に開かれた土地）が，少しずつ囲い込まれるようになった．つまり，所有者のみの利益のために私有化されたのである．

　やがて，この管理システムが社会を完全に支配するようになった．資源の利用，アクセス，利益は，「所有者」によって厳密に管理されるようになった．これは他の資源にも拡大し，鉱物やデータ，そして特許を通じて知識にも及んだ．しかし，「所有権」は決して見かけほど明確なものではない．たとえば，政府の税金で行われた研究が，携帯電話の主要技術の多くを生み出した．インターネット，GPS，タッチスクリーン，Apple の人工知能アシスタント「Siri」などは，その誕生は大学からであった．このような公的資金により得られた知識の囲い込みや，土地，データの囲い込みによって継続的に生み出される富は，より多くの人々，あるいはすべての国民が共有できるようにすべきではないだろうか？

　自然資源や知的資源は国家の富の一部であるかもしれない．しかし，そこから得られる富の蓄積は，しばしば課税を免れる仕組みによって，世代をこえて裕福な家族で受け継がれている．「囲い込み」は，労働所得の伸び率以上に高い割合で，そのような家族で富が蓄積されることを意味する．そのため，当然ながら富は所得を上回り，貧富の差はますます大きくなる．

警告：破壊的変化に備えよ

　世界が「小出し手遅れ」シナリオと「大きな飛躍」シナリオ，あるいはその間のどの経路を歩もうとも，今後数十年間は，これまでの不平等の蓄積が主要な原因となって，極めて多くの人々にとって破壊的なものとなる可能性がある．

　太陽光発電からゲノミクス（ゲノムや遺伝子に関する研究）まで，指数関数的に成長する技術は私たちの生活を破壊し続け，それは加速度的に進むと考えられる．技術革新は，起業家や技術者の夢から，何十億もの人々の生活の中へ

と移行しつつある．人工知能，機械学習，驚異的なモバイルインターネット，ロボットなどの活用はさらに加速し，かつては人々を忙しくさせていた仕事をますます奪い去っていくであろう．しかし，その利点もある．それは，人々が単調な苦役から解放され，グリーンジョブや高齢化社会に対応する介護職，あるいは知識経済などに従事できるようになることである．ただしその実現には，自動化された部門の巨大な利益の一部を，政府が人々の再教育やウェルビーイング経済における新しい仕事に投資しなければならない．

　このようなテクノロジーによる破壊的変化（disruption）は，往々にして予測困難な形で，社会における不平等を拡大させる．たとえば，ソーシャルメディアは，確かにより多くの人々をつないだが，一方で誤った情報の流通を産業化してしまい，かえって民主主義の弱体化を助長した．ソーシャルメディアによって作られた「破壊的変化」と同様に，ロボットからインターネットに至るさまざまなテクノロジーは賃金に低下圧力を及ぼした．アルゴリズムが労働者の動きを決める「フルフィルメントセンター（物流拠点）」においては，ゼロ時間契約の労働で日々を暮らすギグワーカーや，不安定な職で生計を立てるいわゆる「プレカリアート」階級を生み出してきた．

　上記のようなテクノロジーの発展に伴う影響は，「破壊的変化」の一部にすぎない．中国の経済力，政治力の増大は地政学的な秩序を変えるだろう．インドは地球上で人口の最も多い国になる可能性が高く，適切に管理されれば，その経済は急速に成長する可能性がある．しかし，世界が気温上昇 1.5℃ の閾値に近づくにつれ，気候変動やその他の環境災害によるさらなる「破壊的変化」が予想される．そして，ブラックスワン（予測できない大規模な事象）に見舞われる可能性，さらにはブラックスワンの群れに襲われる可能性さえある．あるいは，事前に予測し準備することはできるが，有権者や政治家が通常は無視するような影響の強い事象，たとえば，致命的なパンデミックが新たに発生する可能性もある．

　重要なのは，社会は「破壊的変化」に備え，十分な回復力を構築する必要があるということである．それは，セーフティネットを提供することである．回復力を構築する重要な方法のひとつは，不平等の削減である．

不平等の計測

不平等に対処するための出発点は，それを測定することである．一世紀もの間，これを行う最も一般的な方法は，その国の「ジニ係数」を計算することであった．ジニ係数とは，統計学者であり人口学者であったコラド・ジニにちなんで名づけられた指標である．この指標は，社会における最貧困層から最富裕層までの所得の分布を測定するものである．しかし，その複雑さなどいくつかの欠点があるため，誰もがジニ係数を好むわけではない．最近では，経済学者のホセ・ガブリエル・パルマが，本当に重要なのは，社会の上位 10% の富裕層にどれだけの所得や富が渡り，下位 40% の人々にどれだけの所得や富が渡ったか，ということだと主張している．彼の主張はかなり妥当なものである．統計によれば，国や時代に関係なく，50% の中間層が国民総所得の約半分を占めている．したがって，本当に重要なのは，両端で何が起っているかということだからである[10]．

パルマ比率とは，簡単に言えば，10% の富裕層が総所得に占める割合を，40% の貧困層が占める割合で割ったものである．スカンジナビア諸国のパルマ比率は約 1.0 である．これは，上位 10% の富裕層が，下位 40% の貧困層とほぼ同じ所得を得ていることを意味する．英国は 2.0，米国は 3.0，そして南アフリカは 7.0 である．われわれは，パルマ比率 1.0 が不平等のレベルとして持続可能なものであると考えている．パルマ比率 1.0 は，長期的には，強力な社会的結束を維持し，大多数の人々に良好なウェルビーイングを提供できるレベルであることを示す論拠がある．

「小出し手遅れ」シナリオでは，地域間の不平等が拡大し続ける．しかし，「大きな飛躍」シナリオでは，より累進的な課税の導入と富裕層から貧困層へのさらに大きな富の移転によって，「小出し手遅れ」シナリオの場合よりも労働者の可処分所得が増加し，不平等は著しく小さくなる．

社会的緊張指数

Earth4All モデルのイノベーションのひとつに，社会的緊張指数の導入がある．この指標は，社会の進歩，つまりウェルビーイングの増加の度合いを測る

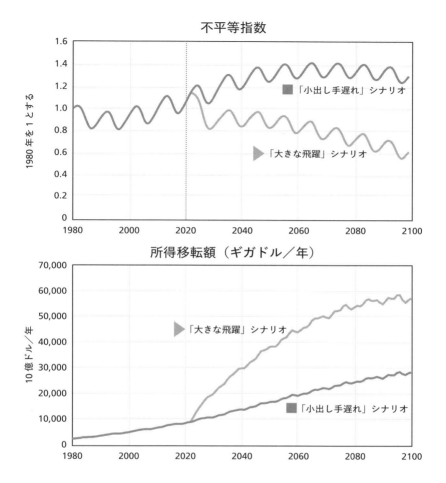

図 4.3　不平等の方向転換：「大きな飛躍」シナリオの不平等指数が低いのは，「小出し手遅れ」シナリオに比べて，（課金と市民ファンドの配当金による）所得移転が多いためである．

平均ウェルビーイング指数と関連して用いられるものである．社会的緊張指数は，不平等と密接に関係している．不平等が大きい国は，効果的な統治ができないためである．社会的緊張指数は，「小出し手遅れ」シナリオでは，「大きな飛躍」シナリオの場合と比べ，著しく高くなる．

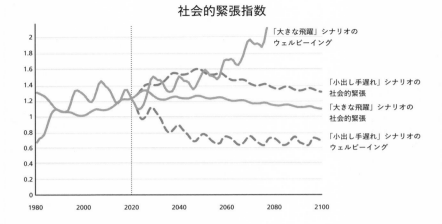

図 4.4　2100 年に向けて，「小出し手遅れ」シナリオ（破線）では「大きな飛躍」シナリオ（実線）と比べて社会的緊張が高まる．出典：E4A-global-2200501.

より大きな公平性に向けた大きな飛躍

　「大きな飛躍」シナリオでは，2050 年までの間に，世界の 10 の地域すべてにおいて，さらなる平等の実現に向けた移行を急速にもたらすことに成功する．これは，富裕税を含む累進課税，労働者のエンパワメント，自然資源の利用に対する課金・配当という 3 つの主要な解決策を，それぞれ本格的に実施することによって推進される．「大きな飛躍」シナリオの推進では，この 3 つの解決策は一定の役割を担うことになるが，地域や国によってそれらの適用方法は異なってくる．ひとつの固定したやり方ですべてに対応するのは不可能である．したがって，われわれは不平等を削減する他の優れた解決策も排除するものではないことを強調したい．そのような解決策についても，この後，いくつか順次紹介していく．

所得と富の累進的再分配

　まず，所得から始めたい．破壊的なレベルの不平等から，所得を守る方法が

いくつかある.

　所得格差を是正する主要かつ明確な方法は，所得への累進課税である．それにより，所得の低い人にはほとんど税金がかからず（あるいは自動化によって仕事が脅かされる場合にはまったく課税されず），所得が高い者にはより重い課税がなされる.

　次に，富の蓄積を抑制することが課題となる．富が労働者の所得を上回るスピードで蓄積されるのを防ぐため，相続税や富裕税を年率で引き上げる必要がある．そのような介入がなければ，貧富の差がますます拡大することは避けられない．自身の秘書より低い税率での支払いに対する米国の大富豪ウォーレン・バフェットの懐疑は，この問題の大きさを示す有名な例である．彼の収入は給与ではなく投資によるものだったからである[11].

　三つ目の解決策としては，心理的なインパクトを伴うものであるが，企業幹部の給与が組織内の平均給与を上回る範囲について制限を設けることである．企業幹部と労働者の給与格差は，ここ数十年で急速に拡大している．経済政策研究所の 2021 年の調査によると，米国の最大手上場企業は 2020 年に CEO に平均労働者の 352 倍の給与を支払っていることがわかった．賃金格差が劇的に拡大する前の 1965 年，CEO と労働者の給与比率は 21 対 1 であった[12].

　グローバル化の下では，金融の抜け穴を塞ぎ，海外のタックスヘイブンへの資金流入を食い止めるための国際的な取り組みを強化する必要がある．もちろん，多国籍企業も責任を負わなければならないが，ここでは最近の政府間での取り組みの進展を紹介する．2021 年，高所得国で構成される G20 は，初めて国際法人税に関する基本的事項について合意した．これは，少なくとも国家間の法人税に関する「底辺への競争」に対処しようとする最初の重要な一歩である.

経済民主主義：労働者の再教育とエンパワメント

　この 40 年間，労働者の交渉力は意図的に弱められ，地球上で最も豊かな国でさえ，今やゼロ時間契約も普通になっているほどである．労働組合やより一般的には労働者の力を削ぐための共通の主張は，ますますグローバル化する熾

烈な経済世界での競争力の向上であった．

　高所得国では，製造業が中所得国へ移行したため，ここ数十年で製造業が大幅に縮小した．その代わりにサービス業が成長したが，組合結成に激しく抵抗されたため，賃金水準は低くなった．まずは，労働者がかつての力を取り戻せるようにすることが第一である．政府は，富裕層への増税で賄われる公共事業で雇用を保障することもできる．植林，自然再生，土壌保護など，必要不可欠な環境・社会サービスを提供できる労働者へのニーズは高い．もしこれらの国々の労働組合がかつての力を取り戻せないようであれば，経済民主主義を向上させる他の解決策も存在する．

　多くの解決策は，職場の民主化に根ざしている．労働者は，「従業員株式所有制度（Employee co-ownership plans）」を通じて，彼らを雇用する企業に対し影響力を持つことができる．また，企業の取締役会に労働者の席を設けることで，労働者，株主，企業幹部が一体となって意思決定を行うことができるようになる．さらに，多くの労働者協同組合も重要な役割を果たすことができる．このような措置はすべて，根本的な経済の方向転換から労働者が利益を得ることを可能にし，その結果，労働者は変化に抵抗するのではなく，大胆な計画を支持するようになる．

　われわれは無報酬労働者（すべてではないが大部分は女性）が経済や社会に貴重なサービスを提供し，社会的結束を高めていることも認識している．その社会への貢献を認めるだけでなく，彼女らを守り，報い，エンパワーするために，この変革の機会をどのように活用できるだろうか？　われわれは，そのために普遍的基礎配当のアイデアを提案する．

市民ファンドと普遍的基礎配当の導入

　近年，富の再分配と経済的安定の正常化を支援するいくつかの有望なアイデアが提案され，試行され，さらには成功裏に実施されている．フランスの経済学者トマ・ピケティは，すべての若年成人に10万ドルを与え，健全な経済的保障をもって社会人生活をスタートさせることを提案している．普遍的基礎収入は，すでに，フィンランド，カナダ，アイルランド，ケニアなどで限定的に

試行されている．普遍的基礎収入にはさまざまなモデルがあるが（そして実行可能なプログラムを設計することは容易ではないが），基本的にすべての国民が，就労状況にかかわらず少額の定期的な収入を受け取るものである．

米国では 1976 年から，アラスカ恒久基金（APF）が州の自然資源を採掘する石油会社から収入の一部を徴収し，すべての市民に配当を支払っている．これは通常，毎年一人当たり 1000 ドルから 2000 ドルの範囲にある．2021 年の配当は 1114 ドルで，4 人家族なら 4456 ドルを受け取ることになる．このアイデアの延長線上にあるのが，2017 年に気候リーダーシップ評議会（CLC）に関係する共和党員によって提案されたものである．CLC の提案は，炭素排出量に連動した料金を徴収し，全米の市民に再分配することを求めており，数ある重要な解決策のひとつとして超党派の称賛を受けた．なお，推進派が説明しているように，これは他の炭素関連規制の緩和や見送りの根拠とはならない．CLC は，このようなシステムによって 4 人家族が毎年約 2000 ドルを受け取ることができ，激動と変革の現代社会で，一定の経済的保障が得られると試算している[13]．（配当については第 8 章で詳しく説明する．）

このような提案には，いずれもメリットがある．これらは変革期の経済的安定をもたらし，労働者が最低の賃金を受け入れざるを得なくなるのを防ぎ，労働者が搾取に「ノー」と言える力を与える．また，経済的自由を生み出すことで，創造性，革新性，起業家精神を刺激することもできる．これはもはや単なるセーフティネットではなく，イノベーションのためのネットであると言える．

このような提案に基づき，また，来るべき変革とそれに伴うリスクや大きな不確実性を認識した上で，われわれは市民ファンドを通じた普遍的基礎収入を提案する．たとえば，二酸化炭素を排出し，森林破壊を助長し，公共データを利用し，陸上や深海で資源を採掘する企業は，それらの共有資源の利用料を支払うことになる．政府は，その収入を配当としてすべての国民に平等に分配する．

社会的に最も貧しい人々に配当を与える方がより公平ではないかと考える人もいると思う．しかし社会全体を巻き込むことが重要であり，そうでなければ

このような提案は失敗する可能性がある．解決策は多数派に利益をもたらすようにする必要がある．その場合，鍵となるのは中流階級である．彼らは，ある政策から利益を得ていると感じれば，その政策を支持するが，もし自分たちの努力によって他人が利益を得ているだけだと感じたら，それを支持する可能性は低くなる．また，すべての人に配分する方が，普遍的基礎配当はシンプルになるという利点もある．この方が意図を伝えやすくなるので，幅広い支持を得られる可能性が高くなる．

　われわれは，経済的平等を促進するための3つの解決策，すなわち所得と富に対する累進課税，労働者の権利拡大，そして市民ファンドないし同程度に大胆な課金・配当構想について議論してきた．他にもわれわれも支援している多くの優れた解決策がある．たとえば，経済が崩壊したとき，中央銀行は割引価格で株式を購入することによって，企業の存続を保証してきた．もし政府が，経済が回復したときに，これらの株式を持ち続けるとしたらどうだろうか．そうすれば，政府はかなりの株式のポートフォリオを蓄積し，そこから得られる将来の収益で基本配当を行うファンドの成長を支援し，すべての若い国民に一括で現金給付することも可能になる．もちろん，まずは課税対象を見直すべきであり，所得と富の両方を考慮して，常に富裕層が公正な負担をすることを確保する必要がある．ただ，場合によっては，所得税は雇用を創出する上で障壁となり，人を雇うのがロボットを利用するよりもコストがかかるような状況を作り出す可能性がある．それに対しては，たとえば雇用にマイナスの影響を与える新しいテクノロジーには税を導入するなど，課税の優先順位を見直すことも考えられる．

平等のレバーの障壁を克服するために

　平等の拡大に向けた主要な障壁のひとつは政治的なものである．不平等を大きく変えるには，権力を持つ者や権力へのアクセスを多く所有する者が，その変化を支持するようになる必要がある．これは，一見，食べられる運命にある七面鳥に感謝祭への賛成投票を要求するようなものなので，とても乗りこえら

れそうもない難題に思える．富裕層からの献金が政党の財源を膨れ上がらせ，彼らによる政治家の支配を確実なものにしている．このような政治的干渉に対処し，より公正な競争の場を作る必要がある．

　実際，潮目が変わりつつある兆候もある．ビジネスエリートやより広くは資本主義の主要な代弁者であるエコノミスト誌，フィナンシャルタイムズ紙，世界経済フォーラムなどは，耳を傾けるあらゆる人に，「不平等は深刻な不安定化を招くので，抑制されなければならない」，「気候やその他の環境問題は不平等などの問題に関連した全体的な課題であり，新しい経済的ソリューションを必要としている」，「ビジネスや金融コミュニティは，政府によるより強い行動を支持する」などと，一貫して主張してきた．そして，米国のパトリオティック・ミリオネアズ（国を愛する富裕層）のような超富裕層のグループは，政府に対して課税強化を声高に要求している．このようなグループはまだ少数派であるが，富裕層の間でも，平等の拡大がすべての人にもたらす便益をより重く認識するようになってきている．

　もうひとつの障壁として認識されているのが，支払い可能性の問題である．政府の財政負担が増える中，各国はどのようにして支払いができるのだろうか？　これまで議論してきたことの多くは，政府の支払い可能性ではなく，分配と割り当ての問題であった．支払い可能性に関する問題は，長期的には，富裕層に対するより公正な増税によって解決されるだろう．短期的には，安定した自国（ソブリン）通貨を持つ政府は，社会の最貧困層を保護するため，その通貨を現実の問題に対し必要なだけ使うことができる．実際，このような経済戦略は，世界金融危機の際にもパンデミックの際にも，経済を補強するために成功裏に適用された．大変革の中で今後必要不可欠な経済的保障を創り出すために，この戦略の三度目の適用ができない理由はない．

　最後の障壁は，不平等は「より良い」世界を作るために必要な条件であるという神話を永続させる支配的なナラティブである．それは，資本主義社会においては不平等は「自然」な秩序なのだから，私たちは不平等と共存する必要がある，というものだ．

　私たちは，以下のような現実を強調した新しいナラティブを必要としてい

る．すなわち，極端なほどの不平等は，裕福な人々にとっても，非常に破壊的である．それは社会の足枷となり，分断と憤りを生み出す．そして，すべての人にとって危険な状況を生み出し，民主主義を弱体化させる，というものだ．

　それとは反対に，より平等な社会では民主主義がより強固になる．欧州の一部や日本などの国々のデータを分析すると，より平等な社会では人々のウェルビーイングや健康度がより高くなることがわかる．さらに重要なことは，民主主義の価値を維持し，すべての人に食料，エネルギー，経済の安全保障を提供する最善の方法は，所得と富の大幅な再分配である．われわれはそのように信じている．

結論

　この章で示したのは，人新世のための大きなアイデアである．われわれは，このようなアイデアこそが，今日の経済と Earth4All 経済との間のギャップを埋めるものと考えている．これらは，変革期において，格差をこえて経済的なセーフティネットを提供するものである．私たちは，今後 10 年間が破壊的なものとなると認める必要がある．セーフティネットがなければ，人々は自分の意見に固執し，有権者はよりポピュリスト的な指導者に向かい，市民はエリートの私腹を肥やすための新たな試みと感じるような変革を拒否するだろう．しかし，ここで提案したセーフティネットは社会イノベーションであり，人々がもう少し柔軟に未来の経済を創造することを可能にするものである．

　要約すると，政府はここで提案した政策のレバーを強く引くべきである．すなわち，より累進的な課税，労働者の交渉力を高めるための労働組合の再結成，課金・配当システムによる市民ファンドの創設などである．これらの措置により，図 4.5 が示すように，全生産高に占める労働者の所得の割合が歴史的に減少してきたのを逆転させることができる．

　上記の解決策は，長期的な不平等と社会内の分断の拡大を特徴とする現在の経済パラダイムから，より平等で社会内の信頼が高く，したがってより効果的なガバナンスの可能性を持つ新しいパラダイムに移行する方法に関するもので

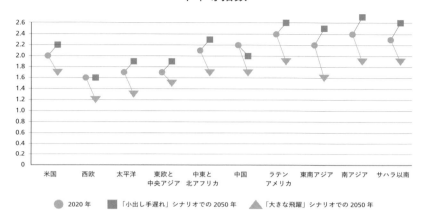

不平等指数

図 4.5　世界 10 地域の 2020 年（●），「小出し手遅れ」シナリオでの 2050 年（■），「大きな飛躍」シナリオでの 2050 年（▲）の不平等指数．不平等指数の縦軸は，1980 年＝1 に対する相対値．出典：E4A-regional-220401.

ある．簡単に言えば，これらは他のすべての方向転換のための基盤であり，触媒である．より平等な国は，海外の開発をより積極的に支援する傾向がある．ジェンダーエンパワメントや保健，教育への投資の支援にも積極的である．また，自然生態系の再生を可能にする，食料やエネルギーの転換支援についても同様である．平等な国は，長期的な決断を下すことができる，積極的で自信に満ちた政府を支持する傾向が強いからである．

第5章

エンパワメントの方向転換

「ジェンダー平等の実現」

　エンパワメントの方向転換は，変化する世界におけるジェンダーの平等や女性の自立，家族の支援に関するものである．これは何を意味しているのであろうか？　女性の教育，経済的機会，さらには尊厳ある仕事へのアクセスを改善し，そしてそれらがもたらす，すべての人生のチャンスを活かすことは，より良く，より強く，より回復力のある社会を構築することにつながる．それはまた，今世紀の人類および地球の未来への道筋を決定するものでもある．

　平等な教育，平等な賃金，老後の経済的保障などにおいて，女性の権利に対する差別はいまだ世界中に蔓延している．このエンパワメントの方向転換により，女性は以下のサービスへのアクセスを改善できる．

- 教育，保健サービス，生涯学習．
- 経済的自立と指導的地位．
- 「普遍的基礎配当」またはそれに類するもの，および年金制度の拡充を通じた経済的安定．

　これらを合わせれば，差別と決別し，社会におけるジェンダー平等と女性の自立への移行が加速する．そして，私たちの共同の未来を真に価値あるものにする過程において，不可欠なステップとなる．

　より広く言うと，家族を支援するということは，人々が望むどのような家族や世帯構成も大切にするということである．家族とは大小にかかわらず，子どものいないカップルやLGBTQ＋の親，多世代世帯，そして日常生活における

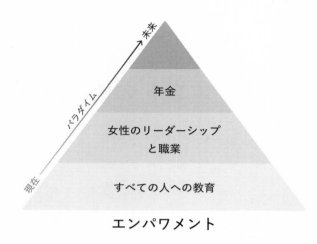

図 5.1　エンパワメントの方向転換は，ジェンダー平等の実現による多くの恩恵を社会にももたらす．「大きな飛躍」シナリオでは，学校，職場，老後に至るまで，女性や女児のためにより多くの機会と平等を即座に創出することを想定している．

あらゆる多様な形態での人間関係が含まれたものである．家族には，安定した収入，普遍的な医療へのアクセス，柔軟な労働，すべての人に対する適切な年金，さらには人道的な育児休暇が必要である．これらはすべて，人類の発展を推進する経済が機能するために不可欠な基盤である．

　女性のエンパワメントを支援しても，それ以外の人を置き去りにし，差別の交差性（インターセクショナリティ）を理解していなければ，それは簡単に弱体化する可能性がある．よりエンパワメントされた社会とは，先住民や難民など，社会から疎外されたすべての集団の具体的な状況やニーズが理解され，政策介入がこれらの問題に対応することを意味する．たとえば，男性も人種，性的指向，宗教，収入などの理由で差別されている現実がある．したがって，ジェンダーエンパワメント政策から，男性も取り残されてはならないという理解も重要である．「万人のための地球」構想の「変革のための経済学委員会」の委員であるジェーン・カブボ＝マリアラ（アフリカ生態経済学会会長）も，「男子を犠牲にして女子をエンパワメントすることは逆効果である」と指摘している．すなわち，「たとえばケニアでは 1995 年の北京女性会議以来，積極的

格差是正措置（アファーマティブ・アクション）が多すぎたため，女児が男児より優位に立っており，これを逆転させようという声が上がっている」と．男児も取り残されてはならない．「有害な男らしさを強調する文化の中で，男性の不安に対処せず放置することは，ジェンダーに基づく破滅的な暴力やフェミサイドにつながる」と，マンフェラ・ランフェレ（ローマクラブ共同会長）は指摘している．それゆえ，この方向転換は，包摂性とジェンダー平等を迅速に実現するため，すべての差別を排除する方向で検討されてきた．

　まず，現代のように激動する社会において，普遍的な教育への公共投資は最優先事項である．しかし，それは単なる「教育」ではない．この方向転換には，教育システムを見直すことも含まれる．産業革命時代の考え方が染みついた世界観（主に男児に適した設計）から，生涯学習や人と生態系とのつながりを重視する世界観に転換する必要がある．つまり，今世紀を生き抜くために必要な認知ツール，すなわち，「批判的思考」，「システム思考」，および「適応型リーダーシップ」を身につけ，大きく変容しつつある世界で活躍できるようにする必要がある．

　すべての人のための医療への公共投資は，医療とウェルビーイングを多くの人々に，経済合理的に，かつ長期的に提供する．それは社会を保護するという政府の役割に対する信頼を，国民の中に築くのに大いに役立つ．このことは，今回のパンデミックへの対応も含め，これまで何度も証明されてきた．経済学者のマリアナ・マッツカートの指摘によると，「2020年に各国政府が軍事費を増やした結果，世界のGDPは2.2兆ドル増加したが，一方で，世界中の人々のワクチン接種に必要な少額の資金，500億ドルはいまだに提供されていない[1]．」最終的に，このような未来を築くためにエンパワメントの方向転換を実現するには，各国がより積極的に経済に関与することが必要である．簡単な出発点は，普遍的な教育および医療に関しゴールを設定し，そこから逆算してどうすればそれを達成できるかを検討することである．

　労働力としての男女間の平等な待遇は，必要不可欠な目標である．女性は世界人口のおよそ半分を占めているが，収入や富に関しては負け組のままである．ジェンダー平等の世界では，もちろん女性は全就労所得のおよそ50%を

稼ぐことになる．しかし，全体として見ると，労働による収入（就労所得）全体に占める女性の割合は，1990 年において 30% であり，現在でも 35% 未満にとどまっている[2]．また，世界の土地所有者のうち，女性は 20% 未満を占めるにすぎない．問題は，男性より女性の収入が少ないというだけではない．女性は，ほとんど低賃金の仕事から抜け出せず，ガラスの天井に阻まれトップマネジメントには手が届かず，その結果，長くこの問題を解決できないでいる．実際，政治，金融，取締役会，経営陣の中に占める女性の割合が，いまだあまりにも低いのである．また，ジェンダー平等は，ショックに強くかつ健全な社会にとって必要不可欠である．もしジェンダー平等が実現すれば，社会にとっても，そして地球にとっても重要な二次的な便益，つまり人口の抑制がもたらされる．

人口

　長く，熱い議論を始めるのに最も簡単な方法は，世界的な人口の増加について言及することだろう．220 年前，トマス・マルサスが激しい論争に火をつけたのはよく知られている．1960 年代にポール・エーリックとアン・エーリックがベストセラー *The Population Bomb*（『人口爆弾』）で火に油を注いだときも，この議論はまだ続いていた．彼らは重要なことに気づいていた．50 年弱で世界の人口は 20 億人からほぼ倍増し，1975 年頃には 40 億人に達した．2022 年に人口は再び倍増し（79 億人），現在も年間約 8000 万人のペースで増加している．

　では，人口が再び倍増し，160 億人になるのはいつだろうか？

　恐らく，そうなることはないであろう．この数字に近づくことさえないであろう．要するに，良い知らせというのは，多くの人が恐れていた「人口爆弾」の信管が外されたということである．この 40 年間で人口動態は大きく変化した．成長率は 60 年代にピークを迎え，それ以来，着実に低下している．世界中で女性が出産する子どもの数は減っている．実際，2020 年における女性一人当たりの子どもの数の平均は 2 人をわずかに上回る程度である．しかし，そ

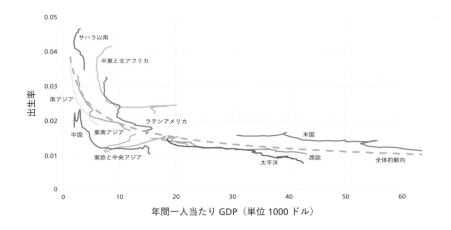

図 5.2　一人当たりの所得が上昇するにつれて（横軸），出生率はすべての地域で急速に低下している．図中の実線は 1980〜2020 年の過去のデータを示す．図中の点線は 2100 年に向けた出生率の将来的な動向を一人当たり GDP の関数として示したものである．出典：Earth4All モデルによる分析，Penn World Tables; UN Population Division（国連人口部）のデータに基づく．

こには世界各地における大きな違いが隠されている．日本や韓国などでは，女性一人当たりの子どもの数は 2 人を下回っているが，低所得国，とくに脆弱な国家では，女性一人当たりの子どもの数ははるかに多い．

　人口増加傾向の抑制は進んでいるものの，世界でこのままの趨勢が続けば，今世紀末に 110 億人程度でピークを迎えると，国連の人口予測中央値は推定している[3]．これが地球システムに与える追加的な圧力は非常に大きく，社会の存続を左右する可能性すらある．国連は，この人口増加は主にアフリカで起きると予測している．西アフリカの一部では，女性一人当たりの出産数が 6 人から 7 人とまだ高いレベルにある．現在，アフリカ大陸には 13 億人の人々が暮らしている．国連の人口予測中央値は，この数字が倍増すると予測しているが，それは高すぎるものと考えられる．われわれのモデルは，世界人口が 2050 年頃に約 90 億人でピークを迎えるという見解を裏打ちしている．

　つまり，これは最悪の事態を回避できることを示唆している．出生率は，女児や女性の教育の向上，健康状態の改善，仕事の増加や，一人当たりの所得の

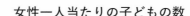

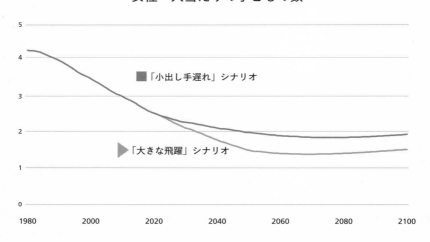

図 **5.3**　収入の上昇に伴い，女性は少子化を選択するようになる．子どもの数は 1980
年には女性一人当たり平均 4 人，2020 年までに 2.4 人になったが，2050 年までには両
方のシナリオで 2 人未満になる．出典：E4A-global-220501 による分析，Penn World
Tables；UN Population Division（国連人口部）のデータに基づく．

全体的な上昇，避妊が可能であることなど，多くの要因に関連している．これ
らが満たされれば，女性が望む子どもの数をより自由に選べるようになる[4]．
しかし，最近のデータによると，低所得国の 2 億 2200 万人の女性は家族計画
においてそのようなニーズが満たされていない状況にある．サハラ以南のアフ
リカやその他の低所得国で必要な解決策を実施すれば，100 万人以上の乳児の
死亡と 5400 万人の望まない妊娠を回避することができる．しかし，もし回避
できなければ，2100 万の不慮の出産，700 万の流産，2600 万の中絶につなが
り，そのうち 1500 万ケースは危険な状況に陥る[5]．「大きな飛躍」シナリオは，
不十分な家族計画に付随する健康問題や社会問題に対処するのに役立つ，上記
のような解決策を提供している．
　われわれの分析によると，エンパワメントの方向転換を構成する主な行動
（教育，健康，収入，年金）により，小家族化や長寿化が進み，2050 年頃には
世界人口は約 90 億人を下回るレベルでピークを迎える．その後，今世紀後半

は緩やかに人口が減少していく．どうすればこのような安定した状況が生まれるのだろうか？

すべてを方向転換させる

　この方向転換に分類された主要な課題は，教育を再考し，すべての人に医療を提供し，人口増加を逆転させるというものである．一見するとつながりのない課題の寄せ集めのように見えるかもしれない．しかし，それらはすべて，ジェンダー平等というひとつの中心となる考えと本質的に結び付いている．とくに経済的機会と社会的流動性（social mobility）の平等を焦点として，ジェンダー平等の実現により多く投資する社会は，すべての人にとってより良い結果をもたらすことが経験的に明らかとなっている．

　今世紀が進むにつれ，社会はますます高齢化に適応していく必要がある．そのためには，経済の大幅な再構築が必要となる．それに加えて，環境の変化や社会の変革にも適応していく必要がある．普遍的な教育と医療は変動への耐久性を向上させる上で必要となる基礎的な投資であり，これを推進する政府への信頼を国民に浸透させるものである．端的に言うと，「万人のための地球」の実現にはより積極的な政府が必要であり，大多数の人が政府との合意から便益を得ていると感じない限り，それはおそらく実現しないということである．ただし，私たちはゼロから出発しようとしているのではない．

　これから議論するすべての方向転換の中で，この50年間で最も進歩したのは，ジェンダーの平等と自立である．ただし，この問題への取り組みは非常に低いベースラインから出発したので，まだこれから登るべき山はたくさんある．しかし，この50年間の進歩により，ほとんどの地域で男女間の教育格差だけでなく，賃金格差さえも縮小してきた．また，親からの相続が性別に関係なく行われることも一般的になってきた．

　しかし，明らかに，「大きな飛躍」シナリオを実現するほど変化のスピードは速くない．最も重要なことは，この問題に新たな進展がなければ，全人類にとって非常に困難な水準まで人口が増加する可能性があるということである．

　5 つの劇的な方向転換はすべて，何らかの形でジェンダーの平等と自立を向上させ，多くの追加的な便益をもたらす．たとえば，食料とエネルギーの確保はより大きな経済的安定をもたらし，家族に関する長期的な意思決定に良い影響を与える．人生においてさまざまな選択をするときの最大の要因は，ロケット科学ではなく，経済的な自立である．経済的な自立は，男性に「ノー」，屈辱的な労働に「ノー」，望まない結婚に「ノー」．そして，教育，トレーニング，キャリア，出産のコントロールに「イエス」，と言える自由と力を与えてくれる．

　世界を見渡してみると，ジェンダー平等と家庭生活の重視は，少なくとも経済的成功の秘訣の一部であるように思われる．北欧の豊かな国々であるデンマーク，フィンランド，アイスランド，ノルウェー，スウェーデンは，ウェルビーイングや幸福度に関する国際的な調査で常に上位にランクされている．これらの国は家族への投資に熱心で，非常に効率的な市場経済を持つ国家である．北欧諸国は世界経済フォーラムの「グローバル社会的流動性指数（Global Social Mobility Index）」（2020 年）で上位を占めており，デンマークで生まれた子どもは米国で生まれた子どもよりもアメリカンドリームを実現する確率が高いと言われている．もちろん，これらの国々も非常に高い消費フットプリントを持っているので，完璧からはほど遠い．しかし，興味深いことに，国民は自国の政府に対して高い信頼を寄せており，そのおかげで，これらの国々は，二酸化炭素の排出をネットゼロにすることを世界で最初に約束するなど，すべての人に利益をもたらす長期的決定を行うことができている．最近では，ウェルビーイング経済という概念をより積極的に取り入れている国や地域もある．ニュージーランド，スコットランド，ウェールズ，フィンランド，アイスランドによりひとつの同盟が形成され，大多数の人々のために機能する新しい経済思想を推進している．本稿執筆時点で，これらの国々は政府内のジェンダーバランスを熱心に主張しており，すべての国や地域において女性がリーダーとなっている．

　現在，ウェルビーイング経済は他の国々でも注目されている．コスタリカ，カナダ，ルワンダの各政府は，経済の優先順位を決めるためにこうしたアプ

ローチを検討している．また，似たような展開として，経済学者のケイト・ラワースが提唱するドーナツ経済モデルを模索し始めている都市もある．彼らは，生物地球物理学的な「プラネタリーバウンダリー」と，不平等・健康・教育・ジェンダーなどに関連する「ソーシャルバウンダリー」の内側で経済を運営しようと努力している．

　完璧な経済システムというものは存在しない．しかし今や，経験的に実際に機能する，強力で革新的な経済思想の一連の系譜（エコシステム）が存在している．そのすべてに共通するのは，ジェンダーの平等と自立に対する明確な約束と投資である．

教育を変革する

　人口増加に対処するための最も重要な政策的介入のひとつは，教育への投資である．教育は鎖につながれた生活から脱出するための最良の道である．教育は社会的流動性や経済的安定をもたらし，多くの機会を世界に作り出す．女児を教育することで生涯所得と国民所得が増加し，子どもの死亡率と妊産婦死亡率が低下し，児童婚が防止される．過去50年間の進歩により，世界中の多くの地域で，教育におけるジェンダー平等が実現しつつある．地域によっては，教育を受けている女児が男児よりも多くなっている．しかし，アフリカや南アジアは，現在の高所得国が20世紀初頭に実現した水準にようやく到達したところである．

　教育は単純に就学年数で測られることが多い．これはある時点までは有効である．ある所得水準以上になると生活満足度の上昇が止まるという証拠があるにもかかわらず，所得が高いほど生活が豊かになるとよく混同される．同様に，教育も就学と混同されることが多い．しかし，学校というものは産業革命以来，驚くほどほとんど変わっていない．さまざまな技術はこの2世紀にわたって大きく変貌してきたにもかかわらず，グーグルで「教室」と検索すると，教育の基本的な考え方は以前と同じであることがわかる．つまり，教師に向かって机が並んでいるという，いまだに変わることのない原型をそこに見る

のである.

私たちの学校は，異なる時代のために設計された

　家父長制の19世紀フランスでは問題がなかった学校教育制度の下で，現代の女性や女児が教育を受けることは，奇妙な形のエンパワメントだと思われる．最も一般的な学校教育のモデルでは，子どもたちは，おそらく今でも，1時間程度の標準的な決められた時間で繰り返し拘束され，暗記すべき事柄を明白な理由もなく頻繁に与えられている．試験は通常，これらの事柄を覚えることに重点を置いている．学習したことの多くは通過儀礼のようなもので，すぐに忘れられてしまう．読み書きや計算をこえた真の学習は，生徒がお互い社会的に交流し，成長するという，一筋縄ではいかない出来事について学ぶことである．しかし，多くの田舎の学校では，学校に行くこと，有能な教師がいること，機能的なトイレがあることだけでも日常的に素晴らしいことだと思ってしまっている.

　そしてその先にあるのは，夢である．高等教育という体系化されたはしごは，真にかけがえのないものを提供してくれる．それが評価される理由は，社会的流動性の付与にある．社会的流動性には，学習者だけでなく，家族全員がより良い生活を送ることができるという希望があるからである．しかし，単にはしごを上ったとしても，黒板がホワイトボードに替わったとしても，多くの教室の後ろにコンピュータが並んでいるとしても，それで教育の成果が上がるわけではない．この本が提唱する5つの方向転換が示唆していることは，19世紀的な還元主義や直線的な因果関係に基づく考え方自体，大きな問題の一部だということである．つまり，世界をあたかも部品ひとつひとつから理解できる機械のように仮定し，それが知識を構築する最良の方法であると考えること自体が問題なのである.

　教育の見直しは，「批判的思考」と「システム思考」という2つの基盤の上に構築される必要がある．今日，世界における最大の課題は，気候変動でも，生物多様性の喪失でも，パンデミックでもない．それは，事実とフィクションを見分けることができない私たちの集団的な無能力なのである．民主主義社会

では，少なくともマスメディアによるチェックアンドバランスによって，誤った情報や偽情報がある程度抑えられてきた．ソーシャルメディアはこのモデルを粉々に破壊した．誤った情報や偽情報を世界に拡散させ，社会を二極化し，信頼を低下させ，共通の課題に対して協力することができず，基本的な事実の解釈にさえ合意できないという衝撃的な事態を招いてしまった．パンデミックの際，いくつかの国ではマスクをつけるかつけないかで政治的に激しく対立し，経験則が無視され，嘲笑された．その結果，さらに多くの人が不必要に亡くなった．このような失敗はシステム全体の問題から生じており，長期的な解決策が必要となる．教育システムを強化し，「批判的思考」を教え，次世代がこの情報の地雷原（information minefield）を切り抜けられるようにする必要がある．

　教育の第二の基盤は，「複雑系システム思考」である．Earth4All モデルは，50 年前に『成長の限界』において開発した「システムダイナミクス」と「システム思考」を基盤にしている．海洋と気候，都市化と株式市場など，現実世界のシステムのほとんどは複雑な動的システムである．したがって，このような基本的な特徴を大学までほとんど無視するような教育システムは時代遅れである．多くの先住民が用いる知識体系には，システム観や複雑性観，さらに学習へのナラティブアプローチが多く取り入れられている．このようなアプローチは，「システム思考」に基づいた新しいカリキュラムに取り入れることができるだろう．この 2 つの基盤は，未来を切り開くために必要な基本的スキルのひとつである「適応型リーダーシップ」，つまり，急速に変化する状況下で，情報に基づき果敢な行動を取る能力の養成に不可欠なものである．

依然として費用がかかるために何百万人もの子どもたちが教育から締め出されている

　教育の問題は，経済全体に関係する課題である．1980 年代，アフリカの多くの国々を債務危機が襲った．IMF や世界銀行は，資金不足に陥った国への融資に乗り出したが，その資金には公的支出を抑制するという条件が付された．この国際的な要請は，学校における「受益者負担」の導入という形で現実

のものとなった．学校教育を受けるためにお金を払うことが広まったのである．当時のユニセフの調査によると，調査対象の低所得国の約半数で，最貧困層の 40% の家庭が，子ども 2 人を小学校にただ通わせるだけのために，年収の 10% 以上を費やしていることがわかった．最近のユネスコの統計では，さまざまな理由で教育から疎外されている子どもは世界で 2 億 5800 万人に上るとされている[6]．世界的なパンデミックによってこの数は確実に増えているが，本稿執筆時点（2022 年）では，どの程度増えているのか誰にもわかっていない．パンデミックの初期 2 年間の学校の閉鎖期間は，高所得国よりも低所得国の方が約 2 倍長かった．また，低所得国では就学年齢に達している子どもの割合が高所得国の約 2 倍であるため，その分このパンデミックによる悪影響は大きいものと推測される[7]．

　マンフェラ・ランフェレが指摘するように，代替的な学校教育モデルを提供するプログラムが数多くあるのは良いことである[8]．それらは異なる文化的，地理的環境に適応しており，昨日のニーズではなく，今日と未来のニーズにより適したものとなっている．その一例が，南アフリカのリープ（LEAP）スクールである．南アフリカは世界中で最も経済的に不平等な国のひとつである．リープスクールは，不平等の是正を目的とし，最も疎外されたコミュニティに無償で教育を提供している．カリキュラムは動機づけと参加意欲を高めるように設計され，そして個人の主体性と連帯する地球市民としての精神を浸透させる．リープスクールの生徒の約 80% が学位や卒業証書を取得し，高等教育に進んでいる．「私たちは不可能を可能にしている．どんなに恵まれない子どもでも，南アフリカでは高校を卒業し，高等教育を受け，豊かな未来に目を向けることができる」と，彼らは言う．ランフェレの指摘によると，彼らの成功により，南部アフリカ全域にこのモデルを普及させるため，リープ研究所が新たに設立された．

経済的自立とリーダーシップ

　雇用以外にも，経済的な自由と安心を生み出す多くの方法がある．もし，あ

るコミュニティのすべての女性が無条件で毎月現金を受け取れるとしたらどうだろう．インドで行われた試行では，女性たちはある種の「普遍的基礎収入」を受給した．その目的は，普遍的基礎収入による貧困の改善状況を探り，より大きなエンパワメントと自立を支援することであった．本試行の評価は，普遍的基礎収入による副収入が 3 つの利益をもたらしたと結論づけた．女性たちの家庭では栄養状態が改善され，その結果健康状態も良くなり，子どもたちはより多くの時間を学校で過ごすことができるようになった．経済成長にも良い影響を与え，女性はその収入によってより自由に家計の支出を決定できるようになった[9]．ここで重要なのは，このアプローチが，多くの家父長主義的な福祉プログラムとは異なり，女性に何が必要かを他人が決めなかったという点である．手段や条件にとらわれない安定した収入源を提供することで，主体性，公平性，包摂性が育まれるのである．

　貧困からの方向転換の章では，より貧しい国々に自立した繁栄をもたらすための戦略を考察した．その戦略がうまくいけば，より多くの政府収入を学校教育の改善のために使うことができる．教育は無料で，アクセス可能，そして普遍的なものにすることができる．しかしジェンダーに関して言えば，学校での居場所を確保し，それを維持すること以上に困難なことがある．世界の多くの地域では，文化的な期待や責任が女児や女性に重くのしかかっている．そのため，教育を受けているにもかかわらず，多くの女性が仕事へのアクセスを拒否されている．

　普遍的基礎収入や教育無償化と並んで，われわれはジェンダー平等の拡大に向けた制度的解決策として，「国民皆保険（universal health coverage）」を強く支持している．21 世紀において，これは必須の人権のひとつであり，機能的な社会の基盤である．英国やスウェーデンにおいては，効果的な無料の医療制度が実施されている．そのため政府は国の富がすべての国民に，より公正に分配されているという信頼を国民から勝ち取っている．これこそが真のコモンウェルス（共通の富）である．

　国民皆保険は，医療を社会全体に提供するという体系的なアプローチに基づいているので，予防的な医療介入に多くの時間と資源を投入することができ

る. 通常, 予防への投資は医療費に占める割合が小さいと, 「万人のための地球」構想の「変革のための経済学委員会」の委員であるアンドリュー・ヘインズは指摘する[10]. 予防には, たとえば, 食事や運動に関する教育や, 健康的な選択をより身近で実現しやすくする社会構造の変化などが挙げられる. これにより, 全体的な医療費が削減できる. また, 人々は長期的な健康に役立つ選択をすることができる. さらに, 社会的に最も弱い立場にある人々には, 追加的な経済的安定ともなる.

　本章で概観したような全般的にポジティブな動きが, これまでの歴史的経緯を凌駕して加速されれば, ビジネスや政府の中でのリーダーシップや権力において, ジェンダーバランスがさらに改善されるものと期待できる. 経済や政治において, より大きな役割を担う人々の多様性を高めるためには, 今まで以上に多くの行動や規制が必要とされる.

安心できる年金と尊厳ある老後

　どちらのシナリオでも, 世界人口があと何十年も増え続ける. その主な理由は, 私たちの多くがまだ若く (2020 年の世界の年齢の中央値は約 30 歳), より多くの人が十分に長生きするからである. 高齢化は, 医療や長期介護への支出を増やし, 疾病への負担を変化させるため, 平均寿命の伸びと同時に年金支給年齢を引き上げなければ, 労働力不足につながる可能性がある. そうではあるが, 年金でカバーされない年代がある場合, 所得への不安の原因となる. 高齢化が進むと福祉への投資も大きくなり, 現役の労働者への圧力が増加する. しかし, 同時に若年層の数が減少すれば (若年層への支援が減るので), その分, この圧力は軽減される.

　高齢化の問題に対処するための出発点は, 高齢者の増加に合わせて定年を単純に引き上げることである. そうすれば, 国の労働力に対する財政負担の軽減に役立つ. もちろん, これには別の課題もある. つまり定年退職というのは, 一方では, 現役の人々にとっては常にキャリアアップの機会であるということである. しかし, それ以上に老後の経済的な安定は不可欠であり, だからこそ

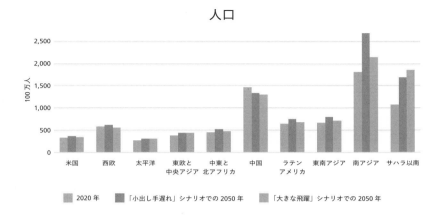

図 5.4　2020 年および 2050 年の「小出し手遅れ」シナリオ並びに 2050 年の「大きな飛躍」シナリオにおける地域別人口．出典：E4A-regional-220427 による分析；Penn World Tables；UN Population Division（国連人口部）のデータに基づく．

われわれはとくに女性のための年金支給拡大を支持するのである．

　ついに，年金の拡大，普遍的基礎収入，普遍的基礎配当といった大きなアイデアを議論する時がきた．これらは，すべての国のウェルビーイングやジェンダーの自立，エンパワメントに大きな影響を与える可能性がある．今こそ，これらを実施するための大胆な決断を下すべき時だ．このような措置は，所得と富の再分配をより公正に行うだけでなく，経済的に激動の変革期が迫る中で必要不可欠な経済的保障を国民にもたらす．このようなアイデアは不平等やエネルギーの劇的な方向転換と結び付いており，それに関連する章（第 4 章と第 7 章）と新しい経済思想の章（第 8 章）でさらに詳しく論じられている．

結論

　未来を大切にするための出発点は，平等，多様，包摂を大切にすることである．実証的なデータによると，より広範に平等を支える経済は，ウェルビーイングや人間開発のすべての国際ランキング（International league tables）で最

も高いスコアを示している．これらは，経済的な競争力を高める条件でもある．しかし，より重要なことは，これらの条件が金融危機，パンデミック，食料価格の不安定な変動などのショックに対する回復力を高めているということである．公正と正義が尊重されるため，社会的結束を強めることができるのである．われわれが望む未来を実現するためには，今後数十年間，戦時下のようなレベルでの社会的結束力が必要なのである．

　進歩を阻む大きな障壁は，言うまでもなく文化である．家父長制社会が長く支配してきたため，多くの社会における芸術，音楽，商業，政治などのあらゆる側面が，男性のヒエラルキーに染まった考え方によって歪んでしまっている．その事実こそが，「これが人間の自然な摂理である」という考えに基づいて強力なナラティブを作り上げている．家父長制のヒエラルキーは崩れつつあるが，完全に消滅するには何世代もかかるだろう．

　ジェンダー平等は，より大きな便益をもたらす．1800 年から 1975 年まで支配的だった指数関数的な人口増加曲線は，この 50 年で上昇率が低下した．これは経済発展の驚異的な成果である．しかし，私たちの前には依然として大きな課題がいくつも残されており，その最たるものは，プラネタリーバウンダリーの範囲内で，すべての人に良好な生活を提供することである．そのためには，世界の人口が 2050 年頃に約 90 億人程度で安定し，2100 年に向けて減少していく必要がある．豊かな将来が現実的になれば家族は少子化を選択するからである．これこそが「大きな飛躍」のシナリオの核心である．

第6章

食の方向転換

食料システムを人間と地球の健康に寄与するものにする

　この50年間，食料安全保障に驚くべき変化が生じた．1970年代以降，世界の人口が倍増したにもかかわらず，飢饉による死亡者数は劇的に減少した．今なお非常に多くの人々が苦しみ，亡くなり，十分な食料を得ることができないことは事実だが，それでもこの着実な進歩を認識することは重要である．

　しかし，このような進歩は大きな代償を伴っていた．私たちが食物を栽培し，輸送し，消費する方法は，プラネタリーバウンダリーに対して他のどの分野よりも深刻な影響を及ぼしている．農業分野は最も大きな温室効果ガス排出源のひとつである．農業は森林破壊や生物多様性の喪失を引き起こす最大の要因であり，また，最も多くの淡水を消費する分野である．過剰な肥料が大気や河川，湖沼，海洋に漏れ出し，広大なデッドゾーン（貧酸素水域）を形成するとともに温暖化の原因にもなっている．

　現代の農業は明らかに地球のために役立っていない．また，農業は人間にとってもうまく機能していない．私たちは食の地産地消から次第に遠ざかり，少数の食料生産国に驚くほど依存するようになってきた．

　世界の10人に1人（9%）が深刻な食料不足に陥っており，8億2100万人が栄養不良の状態にある．その一方で，驚くべきことに，地球上の4分の1に当たる20億の人々が太りすぎまたは肥満になっている[1]．2017年には，世界の死因の8%が肥満に起因したとされている[2]．

　食の劇的な方向転換は，3種類の解決策に焦点を合わせたものとなる．

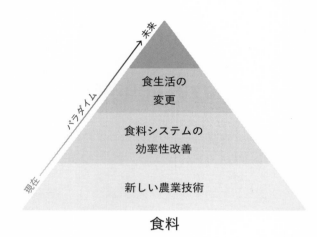

図 6.1 食の方向転換：再生型農業および持続的集約化が，健全な土壌と生態系を作る．消費者は，穀物飼料で育てられた赤身肉から，栄養価の高い健康的な食生活に移行する．食品産業は食料システム全体で廃棄削減に取り組む．

「食料やその他の日用品のための農業には，急速かつ大規模な改革が必要である．」再生型農業および持続的集約化は，有害化学物質の投入を削減しながら収穫を増やす効率的な農業の実現を可能とする．この 2 つは異なるアプローチであるが，持続的集約化はさらなる再生型の農法への橋渡しとなる．農業は今より少ない資源で多くの成果をあげることができる．農地の拡大を止め，劣化した土壌を再生して貴重な生物多様性と炭素吸収源を守る必要がある．農地を炭素排出源ではなく炭素貯蔵庫とする必要がある．公海では漁業資源の崩壊を避け，沿岸の養殖事業では汚染と海洋生息域への侵食を抑えなければならない．

「十分に食べている人々は，地球環境への影響が少なくかつ健康な食生活を採用する必要がある．一方，十分に食べられず栄養失調の状態にある人々は，再生型農法で生産された健康な食品でその苦境から助け出されなければならない．」 世界のどこにいる人々も，プラネタリーバウンダリー内で生産された安全で栄養のある食料へのアクセスを必要としている．

「生産，流通，店舗から消費者の食卓や廃棄に至るまでの食料バリュー

チェーン全体で，食料廃棄の削減に正面から取り組まなければならない.」食料の約3分の1が，農地や漁場から食卓に届くまでの間に廃棄されている．このうち25％を削減すれば，世界のすべての人々に十分な量の食料を確保することができる.

　この食料システムの新しいパラダイムへの本質的な変革は，人類という種の歴史上で最も劇的な変化のひとつとなるだろう.

地球の生物圏の消費

　将来，人口が増加するにつれて，私たちは極めて慎重に行動する必要がある．人類は，食料生産と物質消費のために，私たちの生存に不可欠な地球の生物圏を切り刻み，単純化してきた．地球上の全哺乳類の質量の約96％は，人間（36％）か，牛や豚などの家畜（60％）である．野生の哺乳類はわずか4％を占めるにすぎない[3]．言い方を変えると，家畜と野生の哺乳類との質量比率は15対1である.

　このように圧倒的な質量を占める人間と家畜に必要なニーズに対応するには，広大な陸域の土地が必要である．氷河と氷床は地表の約10％，岩石や砂漠，塩類平原などの不毛の地が約19％を占めており，残りの71％が居住可能な土地と言われる．人類は，この居住可能な土地の約半分を農業に利用し，残りの土地の多くにも何らかの手を加えてきた[4]．家畜の生産だけで，私たちは北米と南米を合わせた面積に匹敵する土地を使用している．海域では，約90％の漁業資源が乱獲されているか，利用し尽くされている[5]．養殖業は急成長し，年々多くの沿岸地域を占拠している．空域に棲む野生の鳥類はごくわずかで，約70％が飼育されている家禽類である．私たちは，ニワトリの惑星に住んでいる[6].

　食料生産と森林伐採は，地球上の生物を消滅させる以上の影響をもたらしている．温室効果ガス排出量の約4分の1は，土地利用によるものである．農業は，全取水量の約70％を占める．また，食料生産に伴う汚染の影響も甚大である．水域のデッドゾーンが拡大している原因は，肥料の使いすぎにある.

湖，川，海における富栄養化の78%は，農業が直接の原因である．

このようなインパクトは必要なものではないし，健康な食生活に役立つものでもない．

今日の食料危機は，物語の半分にすぎない．近い将来，私たちはさらに多くの課題に直面することになる．国連食糧農業機関（FAO）は，現在の食料システムを前提に，人々がより豊かになり，より多くの肉を求めると，規模も富も増加する世界人口を養うためには，2050年までに世界の食料生産を50%以上も増やす必要があると推計している[7]．異論もあるが，次の30年で食料の需要が増加することには疑問の余地がない．一方で，同じ30年の間に，極端な気象現象はますます頻発し，食料システムを脅かすようになる．今世紀中に，地球上の湿潤地域がより多雨になり，乾燥地域がより乾燥することは，ほぼ確実である．洪水の起こりやすい地域では洪水の頻度が高まり，干ばつの起こりやすい地域では干ばつが今まで以上に頻発する．極端な熱波も植物に今までよりも大きな損害を与える．いずれも食料生産にとってますます大きな打撃となる．歴史上，食料生産に必要である希少な水の管理を，指導者が効果的に行うことができるか否かが，文明の栄枯盛衰を決定してきたことを忘れてはならない．

現在の食料システムは，ただ持続不可能であるだけではなく，極めて脆弱である．単一栽培の作物，肥料や化石燃料は緊密な国際貿易に依存している．穀物，肉，油脂などの主要な食料は国際的に流通しており，多くの国が，ロシア，ウクライナ，オーストラリア，アルゼンチン，米国といった少数の穀倉地帯に依存する．リン肥料はそのほとんどがモロッコ（西サハラ），米国，中国から輸入される．窒素肥料は天然ガス資源に恵まれたロシアやウクライナなどから来る．農機具を動かすのに必要な石油も数か国に依存している．このため，不作や戦争などによりこれらの国に問題が起きると，サプライチェーンのボトルネックが発生する．

食料システムの破壊は食料価格に直結する．2022年，ロシアによるウクライナ侵攻に伴い，世界の食料価格は過去最高レベルに達した．穀物価格は1か月で17%も高騰した．世界の作物および経済モデルを用いた予測では，温室

効果ガス排出量を直ちに大幅に削減しない限り，気候変動の結果，2050年までに穀物価格が29%も上昇するとされる．しかしそれ以上に，長引く干ばつのような異常気象が連鎖的な影響を及ぼす．パンやその他の食料の価格と社会不安との間には密接な関係がある[8]．2010年から2011年にかけての「アラブの春」では，食料価格の高騰が人々を街頭での抗議行動に駆り立て，最終的には地域全体で政府を転覆させる重要な要因になった．その頃，ロシア，ウクライナ，中国，アルゼンチンでは干ばつで小麦の収穫が激減し，カナダ，ブラジル，オーストラリアでは豪雨が同様の影響を与えた．穀物価格は高騰した．

　社会的緊張と食料価格の関係は，低所得国においてとりわけ深刻である．石油など多くの商品の価格が上がると，人々は消費を減らすが，食料消費は所得弾力性が低い．人々は稼ぎがないときであっても食べなくてはならないためだ．最近の研究によれば，低所得国における国際食料価格の上昇は，民主主義制度の著しい劣化を招き，反政府デモ，暴動，内戦の発生率を著しく増加させる[9]．2011年，カイロでの街頭蜂起で叫ばれたスローガンは「パン，自由，尊厳」の順序であった．もうひとつのリスクは，移民である．確かに，移民は社会的緊張が高まり，経済的機会が乏しく，紛争が発生しているときの正当な対処法のひとつである．しかし，移民は社会的緊張の高まりや政治的不安を助長するような波及効果を至るところでもたらす可能性がある．

　2010年には，複数の穀倉地帯が破綻し，大きな衝撃を与えた．これは一過性のものなのだろうか，それとも地球が高温になるにつれてより増えると予想されるのだろうか？　穀倉地帯の崩壊のリスクと，それが将来的に意味することを，科学が解明しつつある．ジェット気流は，アジア，北米，欧州の最も重要な穀倉地帯の上空で北半球を旋回する高速の空気の帯である．地球が高温になるにつれて，ジェット気流が次第に減速し予測不可能になってきている．ジェット気流に引きずられた気象系が失速し，気象条件が激化する可能性がある．かつて高気圧が欧州に押し寄せると，数日間暖かい気象をもたらしたが，今ではその高気圧が時には数週間も居座り，壊滅的な熱波をもたらしている．さらに恐ろしいことに，雨や干ばつをもたらす気象システムが，同時に複数の地域で停滞する可能性がある．このことにより世界各地の穀倉地帯が崩壊する

ことは，食料生産が直面する最大のリスクのひとつとなっており，世界の気候学者は心配で夜も眠れなくなっている．

　農業は，健康な食料をより多く生産すること，地球を破壊しないこと，度重なるショックに耐え回復する力のある生産システムを構築すること，という3つの課題に直面している．食料需要が人口増加と所得増加に左右されること，少数の食料生産国への依存が高まっていること，そして，所得の増加に伴い，すべてを消費し尽くす西洋型食生活を嗜好する人が増えていることがわかっている．農業は，土地の不足，水へのアクセス，土壌の質の悪さによって制限されること，気候変動が収穫量に影響を与え，農作物や家畜に影響を与える病気の蔓延を引き起こすこともわかっている．さらに，インパクトは大きいが予測が困難なブラックスワンのような衝撃も加わる可能性もある．このため，食料システムの脆弱性，変動性とリスクを管理するとともに，ショックに強く，安定した価格で，人々のウェルビーイングのために役立つものとなるように食料システムを方向転換することが不可欠なのである．単純な解決策はないが，われわれは以下の3つの提案が大規模な変化を促進する最も重要なレバーであると考える．これらだけが有効なレバーであると主張するわけではないが，人間のウェルビーイングを実現し，プラネタリーバウンダリーを尊重し，社会的緊張を緩和するためには，これらが最も効果的であると考える．

解決策1：農業に革命を起こす

　生物学のレジェンドであるE. O. ウィルソンは，人間のニーズのためには地球の土地の半分（ハーフアース）以上は使用しないことを提案した．ウィルソンのこの「ハーフアース」の提案は，問題の大きさに見合った最初でかつ緊急の解決策を提案するものだ．地球の半分を予備として確保することによって，環境の生きた部分を救い，私たち自身の生存に必要な安定化を実現できる．この「ハーフアース」の提案は，プラネタリーバウンダリーに関する科学により支持される．私たちはすでに地上の自然生態系のおよそ50%を転換し，開発してきた．そして，すでに，土地システムの変化（森林），化学物質汚染，生

物多様性の喪失，および肥料に関する惑星の境界線をこえてしまった．

　農業が残された森林や湿地帯をこれ以上侵食せず，水資源や肥料をより効率的に使うようにすることが，安全な領域に戻る唯一の方法である．すでに赤信号が点灯している．このことは，将来，人間社会がどのような農業を営み，回復力のある食料システムを実現し，環境フットプリントを増加させずにより多くの人々の食の需要を満たしていくかに関して重要な意味を持っている．

　ここに，人新世における食料生産という新たな時代に向けた 6 つの原則を提案する．第一に，これ以上，森林，湿地，その他の生態系を減らし農地を拡大してはならない．より少ない土地でより多くを生育し，劣化した土地を再生する必要がある．第二に，今後 10 年ほどのうちに，農場を膨大な炭素の排出源ではなく，炭素の貯蔵庫としなくてはならない．第三に，農場における生物多様性を豊かなものとする必要がある．第四に，私たちの文明の未来は，土壌の健康状態にかかっているため，土壌を健全な状態に戻さなければならない．第五に，海洋と淡水資源の回復力を高めるように管理しなくてはならない．そして第六に，地産地消が可能な場所では地産地消の取り組みを支援する必要がある．

　これらの原則を満たすために，今や失敗しつつある食料システムに革命を起こす必要がある．現代の農業システムは，高度な「一方通行」システムである．肥料やその他の化学物質と水が，化石燃料から得られるエネルギーによってシステム内を流れ，廃棄物を土地や水路，大気へと送り込んでいる．このシステムを，直線型から循環型へ，破壊的なものから再生的なものへとシフトする必要がある．これに関しては良いニュースがある．それは，90 億の人口に食料を賄う解決策の多くはすでに存在しており，近年人気を博しているいくつかの農業のアプローチにそのような解決策が現れつつあることである．とはいえ，多くの方向転換の中でも，食料システムの未来がもっとも激しい論争の的となるであろう．牛肉の代わりとして，有機農業や実験室で作られた代替肉のうち，どちらを推進すべきだろうか？　合成肥料やその他の人工化学物質によるメリットを享受しながら，どの程度までそれらの利用を最小化すべきだろうか？　このような論争があることも，われわれが本章の結論で「食料システム

安定理事会（Food System Stability Board)」の設置を提案する理由のひとつである.

　再生型農業と持続的集約化が，これらのアプローチの鍵となる．いずれも慣行農法と比較して地球環境への負荷が軽くなる．持続的集約化では，生態系を保護し，近代的技術を採用し，循環型の廃棄物削減を取り入れながら，作物の生産を最大化することに焦点を当てる．再生型農業は，土壌の健康，炭素貯蔵，作物の多様性を確保しながら生態系を再生する各種の農業システムを含む概念である．「Natural Capital Solutions（自然資本に基づく解決策)」代表のハンター・ロビンスは，再生型農業は健全な土壌，農家とコミュニティの健康，回復力のある経済，水資源の保全，土壌への炭素貯蔵の劇的な増加や生物多様性の向上をもたらすと言う[10].

　再生型農業では，被覆作物，輪作，堆肥化などさまざまな技術を用いて健康で生きた土壌を作る．土壌中の貴重な炭素を保護し，菌類のネットワークや微生物，ミミズなど地表下に潜む土壌構成要素を保護するために，農家はほとんど土を耕さないか，まったく耕さない場合もある．畑を耕すのではなく，種子を土に打ち込むのである.

　この考え方を実践する農家が増えている．異常な嵐や不作が何年も続いた後，ノースダコタの農家ゲイブ・ブラウンは再生型農業を採用して農地を守ることにした．土壌の炭素濃度は，1エーカー当たり2%弱の有機物質から11%にまで向上した[11]．20年以上にわたり，気候変動の影響を抑制し，同時に収穫量を増やすことができた.

　また，再生型農業では，生態系を再生させる放牧方法として，野生の有蹄動物がランドスケープ全体に果たす役割を，家畜が模倣するような環境を作るよう努力してきた．さらに，農地に木を植えることで，浸食を減らし，地下水の涵養を助け，家畜に木陰を提供すると同時に，果物や木の実，木材を生産することも推進してきた.

　このような技術は，土壌の健全性を高め，健全な土壌が大量の炭素を保持する[12]．適切に行われる再生型農業は，生物多様性を高め，生態系に栄養を循環させ，水をろ過し，その他の環境上の恩恵をもたらす．また，牧草で育成する

家畜は，従来の穀物を食べさせ工場で育成する家畜に代わる選択肢となる．従来の方法は，環境，健康，動物福祉に悪影響を及ぼしているのはよく知られたところである．

　再生型農業は食の回復力も高める．肥沃な土壌を育て，地域の条件に合った地域の品種を採用することで，より大きな収穫量を少ない投入物で実現することができる．また，不作や気候の変動に脅かされることも少なくなる．

　2015年，元インド農業省のビジェイ・クマールは，インドの小規模農家と一緒にショックに強く利益の出る農業を模索し始めた．彼は，今ではインド国内9州の農家数百万人と協力し，「インドコミュニティ管理自然農業」と呼ぶ再生型農業への移行を支援している．彼が支援する小規模農家では，土壌への介入を最小化し，バイオマスによる土壌被覆を維持し土壌の中の生きた「根っこ」を刈らずに残すといった原則を採用する．「コミュニティ管理自然農業」の大きなメリットのひとつは，土壌水分量の向上にある．農家は土壌中に炭素を貯蔵しながら，一年中何らかの作物を収穫することができ，所得は3倍に達する可能性もある[13]．

　アフリカでは，ミリオン・ビレイ[14]がよく似たアプローチを「アグロエコロジー」と呼んでいる．ビレイは，この手法がアフリカ大陸全体で貧しい農家の生産性を2倍にし，真の食料安全保障を実現し，飢饉に見舞われがちだった地域において炭素を貯蔵する役に立つと信じている．

　求められる規模と速度で食の方向転換を実現するには，農業手法の新たな組み合わせと賢明な技術の採用が必要である．持続的集約化は，環境への悪影響を最小限に抑えながら，非農耕地を新たに農地転換することなく農業収量を増加させることができる．持続的集約化は，特定の農法を促進するものではない[15]．農薬や人工肥料を使っても使わなくても目的を達成することができる[16]．高所得国では，人工肥料の過剰使用が生態系を破壊している．こうした国では，人工肥料の使用を削減しなければならないことは明らかである．しかし，低所得国では，収量が少ないこと，土壌の健全性が低いこと，さらに適切な肥料がないことが問題である．少なくとも食料安全保障が確保され，土壌が完全に再生されるまでは，低所得国ではより多くの肥料が不可欠である．その後，

新しい農業手法の採用により，肥料の投入量を大幅に削減することができる．たとえば，肥料の投入を高所得国で削減し，低所得国で増やすことで，全体のフットプリントを拡大せずに増産できる．農業の持続的集約化は，気候変動に強い技術を優先させる．これは，干ばつや洪水が顕著な未来において，これまで以上に重要となる．

人工衛星やドローン，水分センサーやロボットなどのテクノロジーが，農業に革命をもたらしつつある．人工衛星を利用して肥料をピンポイントで狙い撃ちし，農家にリアルタイムでデータを提供することで，河川への流出を減らすことができる．農場での水の使い方を最適化するために，灌漑をより注意深く監視，管理できる．トラクターへの GPS の搭載は，最も早く恩恵を得る技術だ．農家は自分が作業した場所と，作業していない場所を常に把握できる．都市や町では，垂直農法により，より小さな面積でより高い生産性を実現し，栽培時間を短縮し，より少ない水で栽培することができる．優先課題は，このような技術革命を，より少ないフットプリントで健康的かつ持続的な食生活の支援や促進に向けること，そして世界の数百万の小規模農場で手頃に利用できるようにすることである．

Earth4All モデルでは，こうした持続可能で再生可能な農業への取り組みが 10 年単位で広範に採用され，収量の増加だけでなく，土壌の健全性や生物多様性などの改善にもつながると想定している．これは，3 つの条件が揃えば達成可能だ．こうした農業アプローチを促進するための補助金を導入するなど農業政策を変更し，農家や業界全体の行動変容を促す教育を実施すること，さらに，価格の下落に伴い新技術と知識が指数関数的に普及することである．

Earth4All モデルでは，従来の農地から，化石燃料をベースにした肥料をほぼゼロにした再生型農業に移行した農地の割合を増加させるような状況を設定することができる．重要な問題は，いつまでにそこにたどり着くことができるかという，変革のスピードである．「大きな飛躍」シナリオを達成するためには，2020 年の低いレベルから 2050 年までに 80% の農地を転換しなければならない．しかし，「小出し手遅れ」シナリオでは，それは 2100 年までに 10% の転換にとどまる．

解決策 2：食生活を変える

　工業的に生産・加工された肉，飽和脂肪，塩，トウモロコシ由来の果糖シロップ，精製された穀物をふんだんに使い，大量のアルコールで流し込む西洋型の食生活が，世界を席巻している．西洋型の食生活は，野菜や果物の摂取量が少なく，安価でありながら憧れの的である．中流階級の食生活であり，富や成功の象徴と見なされている．産業革命を起源とする西洋型食生活は，肥満，糖尿病，癌，心血管疾患の原因でもある．

　有害な食生活から，病気のリスクと地球を不安定にするリスクを減らすより豊かで多様な食生活への移行が，食の方向転換のゴールである．食生活の移行は，健康な食料のより公平な分配を実現し，都会の「食料砂漠」などの食料入手が困難な地域に暮らす人々が，手頃な価格で食料を入手できるようにする必要がある．

　われわれの分析によると，これ以上農地を拡大しなくても，少なくとも 90 億人に健康的で栄養価の高い食事を提供することができる．われわれの研究は，「EAT ランセット委員会（EAT-Lancet Commission）」が行った，持続可能な食料システムによる健康的な食事に関する重要な分析に基づいている．最終的には，いくつかの場所では肉や乳製品の過剰摂取を抑制することが必要だが，ビーガンやベジタリアンの食生活を人々に強いることにはならない．

　アンドリュー・ヘインズによると，典型的な西洋型の食生活から「惑星のための健全な食生活」へのシフトには，単に赤身の肉の消費を減らすだけでは不十分であり，果物，野菜，豆類，ナッツ類，種子類の摂取を大幅に増やすことが必要である．これにより多くの健康上のメリットが生まれ，たとえば 2040 年までに年間およそ 1000 万人の早期死亡を防ぐことができる[17]．しかし，依然として何億もの人々が栄養不良の状態にあることは，はるかに重要な問題である．惑星のための健康な食生活は，過剰摂取と同時に過少摂取にも対応するものでなければならない．

　海も健康な食物の供給源として重要である．現在，30 億の人が，動物性タ

ンパク質の 20% を魚介類から摂取している．持続可能な方法で生産された水産物には，1 億 6600 万人の微量栄養素欠乏症を予防できる可能性がある．ネイチャーで発表された 2021 年のブルーフード（水産物）評価[18]によると，2050 年までに世界の水産物需要はおよそ 2 倍になると予想される．増加する需要は，漁獲ではなく主に水産物の養殖の増加によって満たされることになる．持続可能な養殖法を用いる必要がある．

　健康的な食生活への移行において，イノベーションが重要な役割を果たす可能性が高い．牛乳に代わる植物由来の食品は人気が高まっており，「憧れの」食品として販売され，認知されるようになってきた．植物由来でかつ「実験室で培養された」牛肉や鶏肉の代替品も同様である．また，「精密発酵と細胞農業」の分野でも技術革新が進みつつあり，通常なら牛や魚，鳥から摂取するタンパク質を，微生物から直接生産できるようになっている．精密発酵は，酵母，菌類，菌糸体，微細藻類など，ほとんどが未開発の多様な微生物を宿主として，卵白や乳製品など，動物性タンパク質と同じ成分を生産するものである．気候変動に関する政府間パネル（IPCC）の 2022 年版報告書では，細胞発酵，培養肉，動物性食品の植物性代替品や環境制御型農業などの新しい技術は，食料生産から排出される温室効果ガスの大幅な削減を可能にするとされている．もちろん，ある問題を解消しようとして別の問題を引き起こすことにならないよう，慎重を期すべきである．食料システム全体を見渡し，包括的な解決策を採用し，プラネタリーバウンダリーの範囲内でできるだけ多くの人に栄養のある食料を供給することができるように行動しなくてはならない．

　このように新しいアイデアやイノベーションが多様であることは，人々が何を食べるか，なぜそれを食べるのかについて幅広く考えるきっかけとなる．いくつかの場所でこうした新しい産業が台頭しているのは，大きな変革が始まっている明らかな兆候である．Earth4All モデルでは，牧草で育てた肉であれ，「新しい肉」であれ，気候変動に左右されない肉の割合を将来的に増加させ，そこに到達するまでに何年かかるかを確認することができる．「大きな飛躍」シナリオを達成するためには，2050 年までにすべての赤身肉の 50% を気候変動に影響されないものにする必要がある．しかし，「小出し手遅れ」シナリオ

農業用耕作地

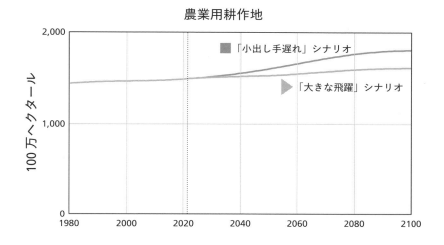

肥料の使用量

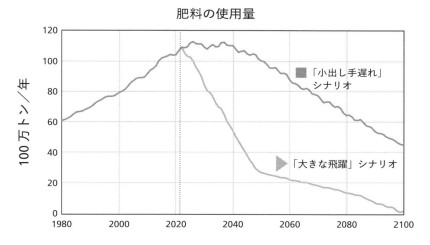

図 6.2　食の方向転換により，農地が安定し，肥料の使用量が減り，かつ世界に十分な食料が供給されるようになる．「大きな飛躍」シナリオでは，農業が自然界に拡大することはなくなり，森林が再び生育するようになる．持続的集約化，穀物飼料をあまり使わない赤身肉への食生活の切り替え，および再生型農業の規模が拡大すると，化石燃料ベースの肥料の使用量が急速に減少する．

では，2100 年までに 10% しか移行していない．この場合，「新しい肉」は依

然として限定的な食品のままである．その両方のシナリオにおける農地と肥料の使用に対する影響を図 6.2 に示す．

解決策 3：食料のロスと廃棄をなくす

世界人口が増え続け，90 億人あるいは 100 億人に届くと言われる中，食料生産と供給に懸念を抱くのは当然のことである．今でも毎年，何億もの人々が飢えに苦しんでいる．さらに 10 億ないし 20 億人分もの食料を供給することはできるのだろうか．FAO によると，生産された食料の約 3 分の 1 が損なわれるか廃棄されている．食料ロス，廃棄に伴う温室効果ガス排出は，地球全体の温室効果ガス排出量の 5% に相当する．腐敗した食物の山は，今後も増え続けるだろう．政府の政策や人々の行動に大規模な変化がない場合，食料廃棄は 2050 年までに倍増すると予測されている[19]．

食の方向転換に必要な解決策のうちで，食料ロスと廃棄の削減はおそらく最も取り組みやすい課題である．問題の所在は明らかだ．裕福な国では，好みにうるさい消費者は必要以上に買い物をし，少しでも不完全なものがあれば捨ててしまう．小売業者は，消費者が過剰消費するように促し，消費者の持続不可能で気まぐれな要求に飛びつく．規制や教育が廃棄の削減に効果的である．

消費される量よりも多くの食料が生産されているということは，より多様な生物を維持できるはずの土地を私たちが無駄に使っているということである．多くの場合，土地に化学薬品を散布しているため，土壌の枯渇と土地や水の汚染を招いている．このため，廃棄物を真の意味で減らすことが決定的に重要である．食べられずに残った食品については，埋立地に送るのではなく，飢餓の解決に使用することが重要である．未利用の食品を，土壌を作る堆肥として活用したり，家畜の飼料を補ったり，バイオガス化によりエネルギーを生み出したりするために利用することも可能である．バイオガス化は廃棄される食料の処理法として優先されるべきものではないが，重要なエネルギー源となり得る．バクテリアを使い無酸素反応炉で有機物を分解する嫌気性ダイジェスターで 1 日 100 トンの生ごみをバイオガスに変えると，年間 800 から 1400 世帯の

電力を供給することができる[20].

　低所得国では，保存状態の悪さや運搬の難しさにより，意図しない食料廃棄が発生することが少なくない．より優れた食料保管，加工，輸送，配給のインフラによってこうした状況を改善することができる．一度熟してしまった作物の余剰分，たとえば生のマンゴーをドライマンゴーチップスにするといった形で利用する新しい食品企業もある．また，バイオガスや堆肥化などの技術により栄養分を大規模に再利用すれば，水への流出を減らし，栄養分を土壌に再循環させることもできる．とはいえ，世界のある場所で廃棄された食料を別の場所で飢餓に直面する人に提供することはできない．

　「大きな飛躍」シナリオでは，2050年までに食品廃棄物を30%削減することが目標となる．2100年までに10%削減することを目標にした場合は，「小出し手遅れ」シナリオになる．

障壁

　回復力のある農業システムを構築するためには，多くの障壁を乗りこえなくてはならない．現状維持の傾向の強さもそのひとつである．農家は当然ながら，変化に対して懐疑的である．適切に管理されない変革は，彼らの収入に大きな打撃を与えることになる．しかしそれでも，変化は不可欠だ．おいしいアーモンドを例に考えてみよう．世界のアーモンドのほとんどはカリフォルニアで生産され，農家には110億ドルの収益をもたらしている．しかし，アーモンドの栽培には大量の水が必要であるが，カリフォルニアは過去1200年間で最悪の干ばつに見舞われている．この干ばつは，今後数十年の間に改善されず，さらに悪化する可能性が高い．精密灌漑は農家の助けになるが，最終的には新たな気候に適した穀物に転換する必要がある．何世代にもわたる知恵を捨てることは痛みを伴うため，転換には時間がかかるかもしれない．

　第二の障壁は消費者の行動である．これが最大の障壁となるかもしれない．所得が増えるにつれて食生活は変わる．多くの人が西洋型食生活に憧れてしまう．しかし，結局のところほとんどの人は健康的な食生活を望むのであるか

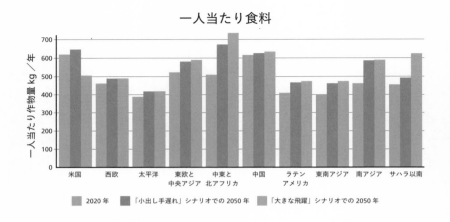

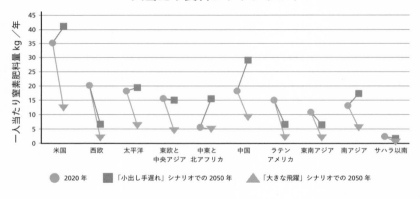

図 6.3 2020 年および 2050 年の「小出し手遅れ」シナリオ並びに 2050 年の「大きな飛躍」シナリオにおける地域別の一人当たり作物生産量（上図）と一人当たり食料フットプリント（下図）. ここでいう食料フットプリントは，縦軸の年間一人当たり窒素肥料量（キログラム）として定義.

ら，教育や意識向上キャンペーンを通じて消費者の需要に働きかけることは可能である. 政府は，価格，ナッジ（より良い選択を促す政策手法），その他の規制を通じて消費者の行動に影響を与えることができる. たとえば砂糖への課税には炭酸飲料の消費を減らす効果がある. しかし，少なくとも民主主義国で

は，政府は国民に何を食べるべきで，何を食べてはいけないかを指示することに消極的である．また，持続可能で健康的な食生活を義務付けることは，ほぼありえない提案である．

第三の障壁は，コストである．従来型の事業から再生可能あるいは持続可能な事業への移行にはコストがかかる．農家の変化を後押しする資金援助が必要である．回復力のある農業を優遇利率で支援する融資の促進と，環境破壊や汚染を引き起こす無意味な農業補助金の撤廃が出発点である．世界の一部の地域では，小規模農家は，種子の在庫を独占したり，地元農家を貧困化させたり，農業コミュニティを不安定化させたりする農業独占企業が引き起こす経済的な困窮に直面している．

他のすべての方向転換と同様，食の方向転換が進むかどうかは，経済運営システムの根本的な変化を進める政治システムにかかっている．食の方向転換には，食料部門への投資を増やし，農地を管理し，生態系を強化し，安全で健康的な食料を生産する人々に正当に報いることのできる新たな金融モデルが必要である．これにより，従来型の活動から環境親和的な活動への雇用のシフトも促される．たとえば再生型農業では，炭素を排出する代わりに土壌に取り込むことで新たなビジネスの機会が生まれる．炭素隔離やその他の生態系サービスから収益を得るための資金援助を受けた農家は社会に便益をもたらす．現在，世界各国の政府は，1分間に100万ドルという規模で産業型農業に補助金を出している．資金は確かに十分にある．ただし，その方向を変えなくてはならない．

誰もが食べなくてはならない．だが，私たちは食に対してより多く支払う必要がある．いわゆる安い食品には，困窮するコミュニティ，慢性疾患，生態系の崩壊といった代償がある．正義と不平等をめぐる問題に取り組まなくてはならない．健康的な食生活を手頃な価格で手に入れることができるよう，政府が支援すべきである．低所得世帯であっても良い食料を得ることができるような新たな法制度を作る必要がある．産業化された食料生産者に，彼らの活動が社会に及ぼしてきたコスト——たとえば汚染や廃棄物の問題，マーケティングにより悪化した健康問題などに取り組むためのコスト——のより多くを内部化さ

せるようにする必要がある．それができれば，より良い企業活動を奨励することにもつながる．

克服すべき最後の障壁は，広大な単一栽培と森林伐採，廃棄を助長するような，複雑に絡み合う規制の網である．転換を加速するために，政府は農業補助金と税制上の優遇措置を刷新し，地域に適した種子や品種に基づく持続可能な再生型農業技術を促進させ，地場産の低炭素で健康的な食料生産を促す必要がある．また政府は，精密発酵や細胞農業などの革新的な食品技術に対する市場障壁を取り除き，新しい動物性タンパク質を迅速かつ安全に市場に投入できるよう，行動しなければならない．その一方で，転換期における食品産業と農業労働者を保護する必要もある．最低限必要なことは，食品会社がサプライチェーン全体で労働者の権利尊重に取り組むよう規制を行うことである[21]．政府は，農業に関わる独占企業が世界の食料供給に及ぼす支配力を弱めるように行動しなくてはならない．これは，食料を生産し販売する農民の権利を独占企業が阻害している場合には，とくに重要である．真の課題は，このような行動に民主的な支持を集めることにある．

結論

FAO は，食料システムが破滅的な経路をたどっているという意味で，「もはや単なる現状なりゆき（BAU）という選択肢はない」と述べている．既定路線は破滅的な道筋である．このままでは，西洋型の食生活が世界を席巻する．今世紀のある時点で，地球上の人口の半分以上が太りすぎか肥満になり，同時に他の地域では飢饉が広がるという転換期を迎える危険性がある．このような状況で利益を得るのは，私たちを太らせる多国籍企業である．しかし，このような企業は，地球に負担をかけず，健康な食を提供することによっても利益をあげることができる．

食料システムの方向転換を確実なものとするためには，持続可能で再生型の農業に価値を置く経済システムを構築しようとする積極的な政府の行動が必要である．こうした行動が，国レベルの食料安全保障も改善する．食の方向転換

は，人と地球のどちらにもメリットをもたらす．転換に逆行する補助金をなくし，資金を再生型農業に再分配し，最も有害な製品を禁止するために規制を強化することが最低限必要である．不確実性の中で難しい決断をしなければならない．

　不確実性，世界の食料安全保障に対するリスク，政府による積極的な対策の必要性，そしてより大きな協力への願いから，われわれは，「食料システム安定理事会」の設立を提案する．気候危機が深刻化し，パンデミックが頻発し，各種の対立が激化する中で，各国政府が食料システムの回復力を確保するように支援するためである．短期の解決策を確実なものとしつつ，長期的な食料システムの転換の舵取りを担う G20 諸国は，世界金融危機の直後に金融安定理事会を設立した．その後に起きた衝撃，すなわちコロナ禍に対処する上で金融システムが比較的良い状態にあったことから，金融安定理事会がシステム全体に及ぶリスクの低減に一定の成果を上げたと考えられる．G20 ないしは別の国際フォーラムが監督する食料システム安定理事会は，食料システムの集団的な安定化というコンセプトに基づき，貿易，炭素貯蔵，健康的な食生活，価格ショックに関連する，持続可能な政策と規制を策定することになる．

　食料システムが変容し始めている兆しは至るところに見られる．世界の農地のおよそ 3 分の 1 で農業の再設計が本格化しつつあり，統合的な害虫管理，保全農業，作物と生物多様性の統合システムやアグロフォレストリー，さらには灌漑管理，小規模農地区画（パッチ）システムなど，私たちの新しい農業の原則を満たす農法のいくつかが採用されつつある．このような方向転換は，世界の全農地のおよそ 10 分の 1 で起きていると推定される[22]．おそらくこれらは，より循環的で再生的な農業システムへ向かう農業の転換点の初期的な兆しであろうが，もちろん，食料廃棄を食い止める上でも，健康な食生活を普及する上でも，まだ十分とはいえない．何より，世界の多くの場所に残り，高所得国でさえもその割合が増加している飢餓を削減するために，さらに大規模な転換が必要である．

　要約すると，世界の食料システムを方向転換し，プラネタリーバウンダリー内で約 90 億の人々に栄養価が高くおいしい食べ物を安全に提供できるように

することが，私たちの課題である．これは，純粋に達成可能だ[23]．この方向転換は，これ以上の土地や海域を使わず，残された野生生物を保護することを意味する．また，淡水の使用を減らし，豊かな国では窒素とリンの過剰投入をやめ，気候変動に関しネットポジティブに転換し，他の温室効果ガスをこれ以上増やさないことも意味する[24]．食の方向転換とは，最終的には，農民を生物圏の管理者として扱い，適切に補償することを意味する．

第 7 章

エネルギーの方向転換

「すべてを電化する」

　世界経済から，社会が必要とするスピードと規模で化石燃料を取り除くことに失敗しつつある事実は，ショッキングであり信じられないかもしれない．しかし，そこで求められているのは，すべての産業経済の基盤の完全な再構築であることを忘れてはならない．化石燃料は産業革命の中心であり，長きにわたり，貧困から脱却するために必要な経済成長の礎であった．すぐに行動すべきという声はまったく正しいが，その変革は常に困難なものであった．加えて，化石燃料産業は社会的に特異な位置にあり，地球上で最も強力で影響力のある産業になっていることを忘れてはならない．

　本章で取り上げる五番目の最後の方向転換は，経済の基盤であるエネルギーの全面的な再構築である．パリ協定が掲げる「2℃を大きく下回る」という目標は，2020 年から 10 年ごとに（世界全体での）温室効果ガスの排出量を約半分にし，2050 年代にはほぼゼロにするということを意味している．排出量の削減が指数関数的であるので，その意味でこれは「炭素の法則（Carbon Law）」[1] とも呼ばれる．パリ協定の目的は自主的なものであり，この軌道の実現は義務ではないが，必要なものである．

　現在の経済パラダイムの中では，まずは効率の改善が最も重要なステップである．食料と同様に，現在のエネルギーの多くは明らかに無駄となっている．私たちはエネルギーを捨てている．しかし，エネルギー効率を全面的に改善すれば，2050 年の世界のエネルギー需要を現在より最大で 40% 減少させること

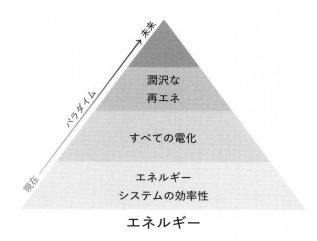

図7.1　エネルギーの方向転換は，現在のエネルギーシステム全体にわたる効率化の推進から始まる．同時に，熱利用，産業プロセス，輸送が，再生可能な電力や，それから派生するグリーン水素のようなエネルギーキャリアに移行する．潤沢な再エネとそれに付随するバッテリーへの大規模な投資は，限界費用がゼロである「無料の太陽」によって，安価な電力供給を可能にする．

が可能との分析がある．これは，すべての社会がエネルギーへの十分なアクセスを確保しながら達成できるとされている[2]．

　大まかにいえば，新しい経済パラダイムへの移行には，あらゆるものを電化すると同時に，再エネとエネルギー貯蔵を急速に拡大させ，十分なエネルギーを確保する必要がある．これまで化石燃料を燃やす必要があったものは，すべて取り除く必要がある．排ガスを出す発電所，うるさくて汚染の多い内燃機関，効率の悪いボイラーや暖房器具は不要になる．その代わりに，屋根や畑に設置された太陽光発電や回転するクリーンな風力発電が登場する．電気自動車や大量輸送システムもある．そして，バッテリーから揚水発電（再エネを使って水を貯水池に汲み上げ，十分なバックアップエネルギーを確保する方法）まで，エネルギー貯蔵のためのさまざまな解決策も利用可能である．

　エネルギーの変革の重要な部分は，より意識的な生産とより少ない消費へのシフトである．電気自動車が必要なだけではなく，より小型の車両であった

り，道路を走る車の数を減らすことも必要になる．この過程で，化石燃料産業は抵抗するだろう．だからこそ，国家は変革に積極的になり，エネルギーの変革に適した経済条件を整える必要がある．化石燃料への補助金を廃止し，再エネの市場障壁を取り除き，家庭，コミュニティ，企業がクリーンエネルギーを共有し，その取引を容易にすることが当面の課題となる．また，材料のリサイクルだけでなく，製品に使用される材料の量を全体的に削減し，経済全体で循環型の製造方法へ移行することが必要である．

　良いニュースもある．エネルギーシステムに関して，世界はすでに，歴史上最も重大かつ急速な変革の入り口に立っている．クリーン電力技術は，あらゆる場所で指数関数的に成長している．風力および太陽光発電は，2016 年にはわずか 5% であったが，2021 年には世界の全発電量の 10% を占めるという驚くべき状況となった．このペースで倍増すれば，2030 年代前半には風力および太陽光発電が全電力供給の半分を占めることになる．重要なのは，この方向転換が十分に速いかどうか，そして公平であるかどうかということである．

課題

　エネルギーの方向転換の大きな課題として，まず挙げられるのが公平性である．化石燃料による二酸化炭素の排出量は，いまだ年間 350 億トン程度で推移している．しかし，この数字の詳細を理解しないと，その全貌はわからない．

　富裕国は世界人口のほんの一部であるにもかかわらず，世界の過剰な二酸化炭素排出の約 85% を占めてきた[3]．産業革命の開始以来，世界は二酸化炭素のリスクを知らなかったという議論もあるが，化石燃料とセメントによる二酸化炭素排出の半分以上は，1990 年以降に起きている[4]．これは 1950 年代後半から 1960 年代前半に科学者によって最初の警鐘が鳴らされたずっと後のことである．1988 年までに懸念はさらに高まり，その年，IPCC が設立され，1994 年には国連気候変動枠組条約が発効した．

　現在までに豊かな国々が表明した 2050 年までの「ネットゼロの約束」は，途上国との間に存在する非常に大きな歴史的な排出量の格差を考慮していな

い．また，現在消費財の大部分を生産している中国やベトナムといった国々
に，豊かな国が排出量を実質的に輸出しているという事実も考慮していない．
これは不公平かつ不公正であるばかりでなく，一部の豊かな国が今後 30 年間
に排出量をゼロに向けて削減しても，海外での炭素排出量は増加し続けること
を意味している．

　「公正」なものであるのかどうかにかかわらず，低所得国の正当な懸念が考
慮されなければ，健全な惑星のためのエネルギーの方向転換はありえない[5]．
これは，投資の流れを変える必要があることを意味する．しかし，世界の金融
システムは，これまで高所得国，裕福なエリート，化石燃料企業に有利になる
よう操作されてきた．貧困の方向転換の章で明確にしたように，低・中所得国
でのエネルギーの方向転換を支援するためには，世界の金融システムの変革が
必要であるゆえんである．これは，不当に低い格付けにより高すぎる借入金利
の受け皿となっている低所得国や新興国への投資リスクを取り除くことを意味
する．

　公平性は，他の意味でも重要である．たとえば，男性は女性よりも炭素フッ
トプリントが大きい傾向にある．また，民族性も重要な要素である．米国で
は，白人居住区はアフリカ系米国人居住区よりも炭素フットプリントが大き
い[6]．また，炭素フットプリントは所得と密接な関係がある．豊かな国の最貧
困層のフットプリントは比較的小さく，一方で低所得国の億万長者のフットプ
リントは非常に大きい．世界的に見ると，最富裕層である 10% の炭素フット
プリントが，最貧困層である 50% のそれに相当する．1% の超富裕層の贅沢
な炭素消費は，世界の排出量の 15% を占めている．そして，この贅沢な炭素
消費は，成功，活力，ウェルビーイングを象徴する商品のかたちで売られてい
る．このままでは，限られた時間内に地球に残されたわずかな炭素予算が，自
家用ジェットからの排出で使い果たされてしまう恐れがある．

　こうした不公平の上に立脚して，化石燃料産業は不当に有利な立場にある．
IMF によると，大気汚染による健康被害や気候変動のコストなども含んだ直
接的，間接的なコストを考慮すると，石炭，石油，ガスの利用には，年間 5 兆
9000 億ドルもの補助金が投入されている[7]．よりクリーンな代替燃料が有利に

なるように，競争条件を変える必要がある．このような課題に対処するためには，市場を再構築し（まずは逆効果となる補助金（perverse subsidies）を取り除き，炭素に公正な価格をつける），長期的なエネルギー計画を策定する意欲のある政府が必要である．

　最後の課題は，エネルギーシステムの変革に伴い，社会が不安定になるという非常に現実的なリスクである．化石燃料への補助金が廃止される，または，その他の理由でエネルギーコストが上昇した場合，最も大きな打撃を受けるのは最貧困層の人々である．その結果は，容易に予測できる．フランスのエマニュエル・マクロン大統領に起こったように，そのような人々はエネルギー政策に対して強く反発することになる．石炭産業が閉鎖されれば，スペインやドイツが試みているように，再教育や地域の再開発に投資する必要がある．そして，化石燃料企業は「座礁資産」という現実的な脅威に直面している．つまり，もし石油が掘削できなくなったり，金融資本がこの業界から急速に撤退したりすると，何兆ドルもの価値のあるパイプライン，鉱山，石油掘削装置が無価値となる可能性があるからである．これは当然，金融部門の安定性にも深刻な影響を及ぼす．

上を見ないで

　このような背景のもと，これまでの2世紀もの間，人類はエネルギーを求めて太陽や風のある「上を見ない」で地面の「下ばかり見て」きたのである．この見方を改める必要がある．クリーンエネルギーへの変革を進めるためには，まず，いくつかの神話を打ち砕く必要がある．

　神話1：「エネルギーの転換には時間がかかる．」確かに，バイオマスから石炭へ，石炭から石油への転換には約60年を要した．しかし，私たちはゼロから出発しているのではない．再エネへの移行が始まってからすでに30年が経過している．重要なことは，多くの地域で再エネのコストが化石エネルギーのコストと同等，あるいはそれより安価となり，すでに変革の指数曲線上の重要な変曲点に到達していることである．その上，政府の資金援助と最近の技術

的躍進により，適切な政策的インセンティブがあれば，変革に向けた現在の趨勢はさらに加速できる．

　神話 2：「多くの部門は電化が難しい.」　確かに，長距離トラック輸送，海運，セメント，鉄鋼は，これまで脱炭素化が最も困難な部門であると考えられてきた．しかし，効率性を高めながら，これらの産業からほぼ完全に炭素を取り除くことができる新しい解決策がすでに存在している．

　神話 3：「人々の行動を変えるのは難しい.」　しかし，世界的なパンデミックにより，人の行動やビジネスモデルは非常に迅速に変化し，多くの利益をもたらすことが明らかになった．たとえば，在宅勤務は通勤時の排出量や渋滞を減らすだけでなく，適切なサポートがあれば，仕事と家庭生活の両立にも貢献する．

　神話 4：「電気自動車は内燃機関の自動車より性能が劣る.」　今では多くの場合，電気自動車は速度や加速において，化石燃料の自動車よりも優れている．より頻繁な改善も可能である．汚染も少ない．信頼性も向上している．動力伝達装置の可動部品は，エンジン（内燃機関）の 2000 個に比べ，電気モーターではわずか 20 個しかない．故障する部品が少ないのである．

　神話 5：「出力に変動（断続性）があるので，クリーンエネルギーは信頼性が低い.」　太陽光発電や風力発電の出力の変動は，余裕を持った発電能力の確保，エネルギー貯蔵システムの強化，広範囲にエネルギーを送電できるスーパーグリッドの構築によって相殺できることを，すでに多くの研究が示している．その他の対策でも，供給を確保することは可能である．もちろん，原子力発電は 2 世代にわたって信頼性の高い電力を供給することが証明されている．

　いくつかの神話が崩れたところで，次に解決策を検討していく．

解決策 1：システム効率化の導入

　鉄もセメントもガソリンも，人間はそれ自体を必要としていない．人々は快適な家やオフィス，その他の建物と，その間を移動する手段を必要としているのである．仕事をし，友人に会い，さまざまなサービスを利用する．つまり，

人々が必要としているのは，エネルギーや物質が可能にするさまざまな機能なのである．2018年にアーヌルフ・グラブラーらは，エネルギー効率に関する画期的なシナリオを発表した．彼らは供給ではなく，エネルギーの最終用途需要（end-use demand）に着目した．人々はエネルギーを使って何をしたいのか？　そして，生活の質を高めたいという世界中の欲求と，現在，指数関数的に発展する技術的な潮流とに基づいて，シナリオを作成した．技術的な潮流とは，たとえば多くのサービス（テレビ，インターネット，電話，地図ツールなど）を集約し，エネルギーもあまり使わないスマートフォンのような新たな技術への移行である．低所得国でも高所得国と同様のサービスを受けるものと想定し，先進国と途上国の双方でサービスに対する需要を分析した．その結果，このような技術の普及が政府によって奨励された場合，人口の増加や豊かさの向上があっても，2050年の最終的なエネルギー需要は，現在より約40%減少する可能性があることが判明した[8]．これは驚くべきことである．需要が増加し続けるというエネルギーに関する現下のナラティブは唯一のものではなく，また最も望ましい結果でもない．

　効率化向上のための全体的な最適化は，エネルギーを節約するだけでなく，材料の使用量を減らし，大気汚染も削減する．効率化のタネはどこにでもある．たとえば，都市部での移動は，通常は非常に短く，その半数は2マイル（3.2キロメートル）以下である．混雑した都市で人々を移動させるには，ひとりで運転する大型の自動車は決して効率的な方法ではない．都市の交通システムを再設計して，自転車や徒歩，効率的な公共交通機関，共有モビリティを提供すれば，必ずしも通勤時間を増やすことなく，排出量を削減し健康を改善することができる．そうすれば，第2章で言及した空気がろ過された「バブルスクール」を作る必要はないだろう．貧富の差に関係なく，誰もが都市できれいな空気を吸えるようになる．住宅では，エアコンや暖房器具を追加するよりも，断熱性を向上させる方が良い解決策となる．取り壊すより，改装して再利用する方が良い．建物を昼間の光に開放することは，電球を使うより賢い方法である．輸送，建物，暖房，材料などエネルギーを消費するすべての部門において，システム全体の抜本的な効率化を推進する余地には膨大なものがある[9]．

しかし，内燃機関自動車を電気自動車に置き換えることは，輸送にとっては最適な解決策ではない．それは依然として渋滞を引き起こし，その実現には大きなフットプリントが必要となるからである．システム全体の移行においては，電気自動車や評判の高い自動運転車も一定の役割はあるかもしれないが，それは移動のための多くの選択肢の中のひとつにすぎない．そして，電気駆動であるかどうかには関係なく，空飛ぶタクシーに期待してはいけない．これは地上の混雑を解決するものではなく，空の混雑という新たな問題を引き起こす可能性があるためである．歩きやすく，住みやすい都市で，自転車専用レーンや公共交通機関を中心とした密度の高いインフラに焦点を当てることが重要である．

現代は「指数関数的な時代」である．そこでは正しい方向に誘導されれば，クリーンエネルギー技術が他の新しい技術と組み合わされ，さらに大きな効率化を推進することができる．もう一度，自動車について考えてみよう．欧州の自動車は，平均して 92% の時間は使われることなく，その多くは都心の狭い土地に駐車している．携帯電話の技術を使ってデジタルキーを共有するカーシェアリングシステムが広まれば，自動車所有からサービスとしての移動手段（モビリティ）の選択へと消費者の需要を変えることができる．無人運転が主流になれば，モビリティ・アズ・ア・サービス（MaaS）への移行が加速し，街中の車の台数を減らすことができる．このような状況は，カラチよりもカリフォルニアの方が想像しやすいかもしれない．しかし，専門家が指摘するように，指数関数的な技術を融合したスマートフォンは，富裕国だけでなく低所得国でもインターネットへのアクセスを加速させたことを忘れてはならない．

解決策 2：（ほとんど）すべてを電化する

気候危機と戦うための第一の原則は，石炭，石油，ガス，木材などに火をつける行為を一刻も早くやめるという単純なことである．ビル・マッキベンは，「炎，すなわち燃焼を前提としたモノは絶対に新しく作らない」という第二の原則を加えるべきだと提案している[10]．つまり，エネルギーを必要とするもの

があれば，炭素分子（燃焼）ではなく，電子（電気）を活用すべきだというのである．

　解決策1が効率化の推進であるのに対し，解決策2は，大まかに言って，今日炭素を燃焼させているものすべてを電化することである．分子から電子へのシフトである．そうすることで，多くの場合，物事はより効率的になる．都市部では，エネルギー需要の大半は交通と建物に起因する．解決策はすでに市場で販売可能な状態である．交通では内燃機関から電力モビリティに完全に移行し，建物の暖房にはバーナーではなくヒートポンプを使用することである．モーターは，化石燃料のエンジンよりもすでに3〜4倍効率が高い．また，ヒートポンプは化石燃料の暖房に比べて，さらに効率が高い．したがって，電化すればするほど，（一次）エネルギー需要は少なくなる．これは一般的には正しいが，たとえば鉄鋼生産や海運などは例外で，まだすべての分野で電化による簡潔な解決策があるわけではない．しかし，グリーン水素やアンモニアは，これらの分野で化石燃料に取って代わることができ，鉄鋼，肥料，海運の大手多国籍企業は，すでにこれらの解決策にコミットしつつある．しかし，再エネの初期コストは，まだ従来の燃料よりも相当に高いため，政府の実質的な支援が早急に必要である．

　私たちは，太陽光発電，風力発電，バッテリーの規模の効果を活用し，産業を新しいクリーンエネルギーシステムに移行させることができる．クリーンエネルギーは1年の大半においてほぼ限界費用ゼロで生産できる．これは，長期的な運転コストを急速に引き下げることが可能であることを示唆している．つまり，クリーンエネルギーへの移行にあたり，今は一時的なコストのハードルに直面しているが，それが過ぎれば（現在必要な先行投資のコストを含めて），私たちはエネルギー単位当たりのコストが極めて低い電気のワンダーランドに近づくことになる．

　しかし，この変革にはリスクがあることを認識する必要がある．人間を搾取することなく，新しく必要となる鉱業を実現できるのか？　また，その新しい鉱業やその他の採掘産業による破壊的な拡大や汚染なしに，変革は展開できるだろうか？　補償や正義は，新しい技術への移行に適正に組み込まれ，規制さ

れなければならない.

解決策 3：新たな再エネの指数関数的な成長

　エネルギーのパラダイムシフトは，化石燃料産業をクリーンでグリーンなエネルギーにほぼ完全に置き換えることを求めている．設置から廃棄までの生涯エネルギーコストで見た場合，世界の多くの地域で，自然エネルギーはすでに最も安価な新規の電源となっている．市場は成熟し，価格と性能で化石燃料ベースの現行企業を凌駕し，汚染を大幅に削減することができる[11]．しかし，それには，政府が必要な補助金を提供し，初期投資コストを化石燃料エネルギーに匹敵するレベルまで下げることが必要である．幸いなことに，それは実現しつつある．電源構成に占める風力と太陽光の割合は，世界的に見れば5年ごとに倍増している．エネルギーの専門家は，指数関数的な技術革新がついに到来したと指摘している[12].

　再エネ技術は，生産の学習曲線に従って，継続的に安価になってきている．総設備容量が2倍になるごとに，コストは20〜25％程度低下する．しかし，化石燃料による発電には，そのような学習曲線は当てはまらない．石炭火力発電の技術はここ数十年ほとんど変化しておらず，成熟した技術であるため，今後も変化することはないと考えられる．技術革新の速度が異なるもうひとつの理由は，化石燃料のインフラやプラントは，小型ではなく，大型でかさばるものだからである．スマートフォンや電気自動車のような小型の技術は，技術革新とマーケティングのサイクルが速い．風力発電や太陽光発電も同様だ．したがって，自然エネルギーは今後数十年の間に化石燃料よりも安くなり続け，より多くの用途や分野で化石燃料を凌駕することになるものと考えられる．

　指数関数的な変化とは，単に太陽光パネルや風力タービンの数が増えるということではない．デジタルで小型の多くの技術が，どのように全体的かつ自己強化的な方法で相互作用し，そこから何が生まれるかということなのである．スマートグリッドとスーパーグリッド（広域送電網）への投資を並行して行えば，世界のほとんどの地域で太陽光（S），風力（W），バッテリー（B）の組

み合わせによる SWB ソリューションで電力需要の 100％ を満たすことは可能である．これは，既存のインフラのあらゆる場所に太陽光パネルを設置し，送電や蓄電と統合することを意味する．なお，蓄電には，化学電池，重力蓄電，揚水発電，熱発電，圧縮空気，さらにはそれらの組み合わせなど，さまざまな方式がある．

　追加的な金属や材料の調達，建設資金の調達など，大きな課題が残されている．人類の文明を維持するための現実的な産業変革は，このハードルを回避することはできないが，不正や搾取なしでも，必ず実現できる[13]．しかし，政府はこのプロセスを加速させ，世界が温暖化する前に事態を収拾するため，必要な支援を行わなければならない

　解決策についての議論はこれで終え，次に障壁の議論に移る前に，ここでエネルギーが極めて潤沢になる可能性について検討する．新しい自然エネルギーが加速度的に普及し，現在の需要をこえるエネルギー供給とネットワークが新たにかつ大量に構築されると，最後に大変刺激的な事態が発生し得る．太陽光，風力，バッテリーのコストが下がると，限界費用がゼロに近いクリーンエネルギーが極めて豊富となる．つまり，これが意味するところは，断続的な供給への懸念ではなく，太陽光，風力，バッテリーなどのクリーンエネルギーによる破壊的影響が，これまでにない新しいエネルギーシステムを誕生させるブレークスルーとなる可能性があるということである．この破壊的影響によって，人類は現在のエネルギー需要を持続的に満たすことができるだけでなく，現在のシステムでは経済的に不可能なさまざまなものを電化することができるようになる．たとえば，大気中の過剰な二酸化炭素を削減できる DAC（直接空気回収）のような炭素回収貯留を後押しできる．これは，ネットゼロをこえ，二酸化炭素濃度を産業革命以前のレベルにまで減らすことに貢献する．つまり，「気候ポジティブ」なエネルギーシステムを作るために必要な技術である．

　「万人のための地球」構想の「変革のための経済学委員会」の委員であるナフィーズ・アフメッドが指摘するように，廃水処理から海水淡水化やリサイクル，また，鉱業から製造業に至る膨大な数の産業や部門が電化されれば，一次

エネルギーの消費を抑え，安価なクリーン電力にシフトすることができる．また，廃棄物の一部を浄化し，アップサイクルするのに十分な電力があるため，ほぼ完全な循環経済を実現することができる．新しいシステムが生み出す膨大な追加的な電力と効率の向上とが相まって，初めて，これまで考えられなかったような方法で，循環経済に必要な広範囲に及ぶ新しい産業プロセスを，クリーンに維持発展させることが可能になる[14]．

Earth4All の分析に見るエネルギーの方向転換

　上記の3つの解決策は，世界的にエネルギーの方向転換をどこまで迅速に推し進めることができるのか？　再エネの導入速度が，化石燃料をどれだけ早く段階的に廃止できるかを左右することは明らかである．図7.2〜7.5は，システムの効率化，あらゆるものの電化，再エネの豊穣化に向けた投資を急増させることで，何もしない状態から強力に方向転換を推進する場合の効果を示している．2025〜2050年の世界のエネルギーコスト（投資，運用両面の年間総コスト）は，「小出し手遅れ」シナリオよりも「大きな飛躍」シナリオの方が高い．しかし，化石燃料による発電に起因する世界のCO_2排出量は，2050年頃にはゼロになるよう低減し，2050年頃からは，無料の太陽光と風力による巨大な再エネが存在するため，年間の総エネルギーコストが大幅に削減される．

障壁

　エネルギーの方向転換は，すでに始まっていることは明らかである．最大の障壁は，もはや太陽光や風力などのクリーンエネルギーに付随する技術などが足りないことではない．現在，ほとんどの主要経済国が2050年までに，中国とインドの場合はそれぞれ2060年と2070年までに，排出量をネットゼロにすることを公約している．このような国でも，改善や，場合によっては完全な変革が加速するにつれ，予想より早く目標を達成することが想像できる．しかし，それらの公約とは裏腹に，ほとんどの政府は2030年頃までに排出量を半

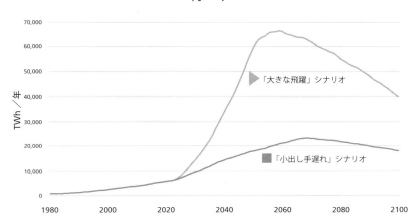

図 7.2　「大きな飛躍」シナリオでは，バッテリーを備えた再エネの生産が世界的に急増し，「あらゆるもの」の電化に貢献し，すべての人がクリーンな電力を利用できるようになる．出典：E4A-global-220501.

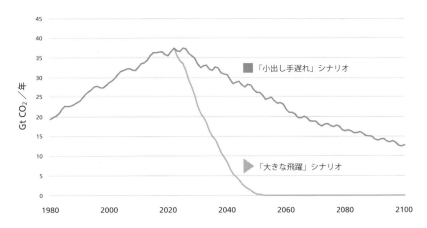

図 7.3　「大きな飛躍」シナリオでは，エネルギーと工業プロセスからの世界の CO_2 排出量が「炭素の法則」に従って急速に減少し，2100 年までに気温を 2℃ 未満に抑えることが可能になる．出典：E4A-global-220501.

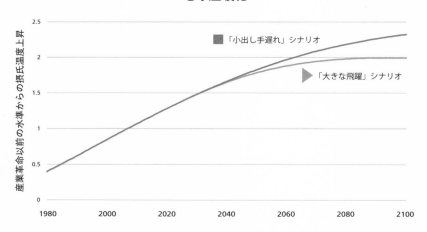

図 7.4　「大きな飛躍」シナリオでは，エネルギーと工業プロセスからの世界の CO_2 排出量が「炭素の法則」に従って急速に減少し，2100 年までに気温を 2℃ より十分低く保つことが可能になる．出典：E4A-global-220501.

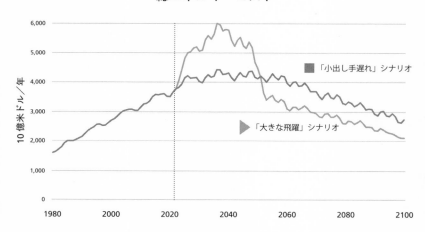

図 7.5　エネルギー投資を従来の化石燃料から「大きな飛躍」シナリオの解決策に方向転換すると，「小出し手遅れ」シナリオと比較して最初の数十年間はエネルギーコストが高くなるが，長期的には劇的にコストが低下する．単位：10 億米ドル，PPP-2017 年価格で一定．出典：E4A-global-220501.

減させることを約束せず，政治的な視野をはるかにこえた遠い目標を設定することを好み，その結果「小出し手遅れ」シナリオにとどまっている．このことは，増税や政府債務で賄わなければならない，先行投資コストを下げるための巨額の補助金が必要であることを考えれば，十分に理解できる．しかし，そのような補助金は，エネルギー安全保障と惑星の安定を実現するという長期的な世界的視野に立てば，微々たるものでしかない．

　第二の障壁は，化石燃料産業が受け取っている莫大な補助金と，引き起こされた損害に対する説明責任の欠如である．現在の補助金を維持する道理は，すでにほとんどない（ただし，低所得者のエネルギー利用を支援するための補助金もあり，これは再設計される必要がある）．

　第三の障壁は，炭素排出量に公正な価格を設定することである．何十年もの間，気候変動とエネルギーの政治は，炭素排出に価格をつけるという考え方に支配されてきた．炭素の価格設定は，複雑な問題への洗練された対応策である．大気中に炭素を放出するコストを上昇させ，あとはエネルギー市場に任せれば良い．この政策は，従来の経済学的な考え方からすれば，机上では良い政策に見えるかもしれない．しかし，現実の世界ではこの政策は弱すぎることが証明されている．大多数の炭素取引制度が始まって以来，年間の汚染許可証の供給量は，ほとんどの場合，全体の汚染量よりも一貫して多くなっている．そして，この政策が導入され30年が経過した2020年時点でも，何らかの炭素価格イニシアチブの対象とされていたのは，世界の温室効果ガス排出量のわずか20%にすぎなかったのである．しかも，この20%のうち，現在，パリ協定の気温目標達成に見合った価格で設定されているのは5%未満（つまり世界の総排出量の1%未満）[15]である．炭素の公正な価格設定には，新たな考え方が必要である．

　炭素の価格付けは，第四の障壁と関連している．多くの民主主義国家において，野心的なエネルギー政策を掲げる政治家は，これまで国レベルの権力を獲得するのに苦労してきた（州や市レベルでは異なることも多い）．危機的状況に対処するための政府の行動を，国民が支持していることを示す多くの調査がある．それにもかかわらず，政治の現実はそうなのである．もちろん，政治的

に重要な問題は，一般市民がより高いガス代や電気代に反対していること，そしてほとんどの国でエネルギー貧困が現実的な懸念事項となっていることである．つまり，気候変動対策にはこのような厳しい政治的制約がある．不満の根源は，気候変動対策の必要性への疑問ではなく，低所得者層に過度の負担を強いるような解決策にある．市民は政治家，官僚，エリート層に不信感を抱き，支配層が自分たちを侮蔑的に扱っていると感じている[16]．フランスのジレ・ジョーヌ（黄色いベスト）運動から，イラン，トルコ，ナイジェリア，メキシコ，ヨルダン，カザフスタンでのデモに至るまで，反対運動は予測可能なものであった．一言でいえば，「税金を削れ！」というスローガンは，政治家に対して強力な効果を発揮してきたのである．

　だからこそ，以前の章で述べた課金と配当の考え方は，さらに議論されるべきなのである．次章では，課金と配当の完全なコンセプトと，それがすべてのグローバルコモンズ，つまり人間の圧力によって不安定になる恐れのあるすべての自然資源にどのように適用されるかを説明する．しかし，今は，大気と炭素に限って説明する．私たちは，富裕層があらゆるものを最も多く消費していることを知っている．炭素の排出に利用料を課し，すべての国民に平等に還元することは，公平であり，私たち全員が大気のグローバルコモンズの奉仕者であるという原則を反映している．さらに，炭素の大量使用者はより多くの料金を支払わなければならないため，不平等を減らす効果もある．そして，炭素の使用量が少ない人は，補償を受けることができる．驚くほど多くの経済学者が，この案に賛成している．ウォールストリート・ジャーナルによると，2019年には，3500人の経済学者が，炭素に値段をつける課金・配当アプローチを「必要な規模と速度で炭素排出を減らすための最も費用対効果の高い手段」として支持した[17]．ちなみに，課金・配当アプローチでは，集めた収入を一般財源に繰り入れることはない．利用料はあくまで再分配のためのものであり，問題の核心は信頼の確保にあるため，他の政策目標に転用されることはない．明確さが重要である．人々がどこにお金が行くのか理解できること，そして人々が行動を変えることによって，個人として目に見える形で利益を得るようにすることが重要である．

　2050 年までにネットゼロに到達できるようすべての解決策を拡大すること
は，極めて野心的なことである．実際，上記の 3 つの障壁，すなわち高所得国
と低所得国の間に存在する炭素フットプリントの大きな差と，エネルギーアク
セスに関する不平等，そして国内の政治的制約の 3 つを克服しない限り達成不
可能である．

　このため，上記の実用的かつ技術的な解決策は，排出量と不平等を同時に削
減するために，信頼できる積極的な政府による調整を必要とする．これは，現
在の世界的な不平等を認識し，是正することを意味する．世界最大の経済大国
である米国，EU，中国は，再エネの容量拡大のための国内年間投資を急速に
（少なくとも 3 倍に）拡大する必要がある．この 3 か国は，自国の領土から全
世界の温室効果ガスの約半分を排出している．さらに，世界の多くの人々が暮
らす低所得国での方向転換を加速するために，以下の国際的に重要な 3 つの分
野での行動を強化する必要がある．

- 気候資金の大幅な増加による，炭素フットプリントの不平等の是正
- 債務解決とグリーン投資のインセンティブ付与のための新たな金融体制の
  構築
- グリーンな経済軌道を可能にするための SDRs および貿易ルールの改革

　第一の点を拡大して，気候資金の大規模な注入を緊急に行うことが必要であ
る．もちろん，豊かな国々が 2012 年の約束である年間 1000 億ドルの気候資金
を出さないでいることは許されない．先進国は一貫して不十分な金額しか払っ
てこなかったため，その不足分をすべて補う形で資金が支払われる必要があ
る．これを実現するための直接的で費用のかからない方法のひとつは，IMF
によって作成された国際流動性である SDRs を拡大することである．少なくと
も年間 2 兆ドルから 3 兆ドルの大幅な発行が必要であり，クリーンエネルギー
システムへの投資に充当することは容易に達成可能である．加えて，高所得国
に割り当てのあった SDRs（使用する可能性は低い）を各地域の多国間開発銀
行で再活用し，そのような投資に充てることも効果的である[18]．

　第二に，低所得国（一人当たり年間 1 万ドル未満）の支払い不能な債務負担
を劇的に軽減する，国の債務解決のための国際的な枠組みを作ることである．

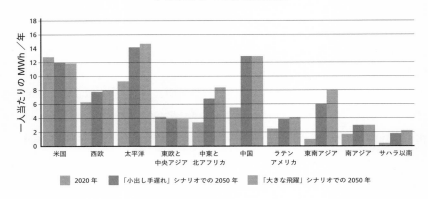

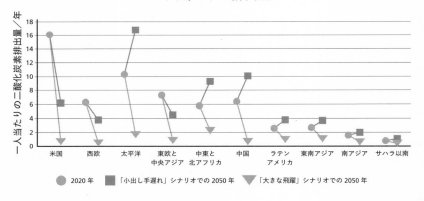

図 7.6 地域のエネルギーフットプリントの大きな違い：2020 年および 2050 年の「小出し手遅れ」シナリオ並びに 2050 年の「大きな飛躍」シナリオにおける 10 地域の消費電力と一人当たりの CO_2 排出量を示す．出典：E4A-regional-220427.

この再建メカニズムには，規制や法改正を義務付けることで，二国間，多国間の貸し手だけでなく，民間の貸し手も必然的に含まれるようにする必要がある．さらに，民間の金融市場に対する規制を強化し，民間の貸し手や債券保有者によるこれ以上の「ブラウン」かつ炭素集約的な投資を防止し，グリーン投資を奨励する必要がある．

　第三に，必要な知識と技術が裕福な国の企業に集中することは，すべての人にとって極めて危険だという点である．重要なクリーン技術の普及を妨げるからである．WTO によって導入された知的財産権に関する国際システムは，低所得国でのグリーン移行に向けたリープフロッグに不可欠な重要技術については廃止される必要がある．この制度は，発明やイノベーションを促進するどころか，知識の独占をもたらし，公共の利益を犠牲にした「レントシーキング（超過利益の追求）」につながっている．ワクチンから太陽光発電に至るまで，すべての国が重要な技術にアクセスできるようにする可能性を阻んでいる．低所得国が自国の生産者に補助金を出して自然エネルギーを奨励しようとすると，すぐに WTO で提訴される．地球維持システムの組織的な破壊を避けるためには，知識を支配する少数の大企業の気まぐれや利益に依存するべきではない．とくに，その知識が主として公的研究によって生み出されたものである場合はなおさらである．

結論

　エネルギー，輸送，食料における炭素集約型産業が崩壊すると，グローバルな物流と輸送への膨大な需要がなくなり，何十億ヘクタールもの土地が解放され，海が再生され，大気汚染がなくなる．正しい選択をすれば，新しいエネルギー，輸送，食料システムによる破壊的な変革は，人類文明の物質集約度を正味で減少させることにつながる．そして，貧しい人々にも十分なエネルギーを提供する．

　化石燃料時代の最終的な終焉はもはや止められないが，危険な気候変動による深刻な影響に直面する人類の文明の終焉は止められる．それは，私たちが今日行う社会的選択に完全に依存している．各国が具体的にどのような手段を選ぶにせよ，全体的な生産性の向上と社会的，環境的正義の両立を目指すべきである．今，正しい選択をすれば，2030 年代後半には，クリーンエネルギーが豊穣になる前例のない時代がやってくるかもしれない．このような新しい可能性は，エネルギーの不足や不安定性だけでなく，食料不安や栄養不良の継続，

世界的な貧困の定着と不平等の拡大といった，人類にとって最も困難な問題の
解決にも貢献できるだろう．

第8章

「勝者総取り」資本主義から
Earth4All 経済へ

新たな経済運営システム

　5つの劇的な方向転換を実現すれば，21世紀の次の数十年を，現在の発展経路よりもはるかに安全かつ快適にすることができる．このことは実現困難かもしれない．しかし，これは決して達成できないと疑うのであれば，再考願いたい．確かに，今世紀中に人類を安全な活動空間の中に戻すのは，複雑かつ途方もないことかもしれない．しかし，他の多くの複雑かつ途方もない企てと同様に，厳選されたレバー（すなわち，起点となる複数の政策）と熱心に取り組む人々がいれば，これを起動させることができる．

　そのような政策はすでに明らかであり，いつでも適用できる．そして，そのすべての政策は，「経済」というひとつの分野に集中している．すでにお気づきのように，これらのすべては，これまでの各章で議論してきた5つの方向転換の中に組み込まれている．その中でも主要な政策は，次の5つである．

- 世界のコモンズの富をすべての市民に公平に分配するための市民ファンドの創設．
- 方向転換を加速するための政府の介入（補助金，インセンティブ，規制など）．
- 「世界の大半」の地域で，迅速に貧困削減を促進するための国際金融シス

テムの変革.

- 低所得国への投資リスクの低減および債務の帳消し.
- 効率的で再生型の食料システムおよび再エネシステムへの投資.

　伝統的な経済学者は, このようなシフトが大規模な経済変革を誘発する触媒となると認識はするものの, そこで止まってしまう. しかし中には, これらのシフトが経済成長に突然の終焉をもたらし, やがては経済崩壊につながるのではないかと危惧する向きもあろう. しかし, そのような理解は間違っている.「介入点」とは何か, そして, なぜそれがしばしば驚くような結果をもたらすのかを理解すれば, その理由がわかる.

　『成長の限界』の主著者であるドネラ・メドウズが, 介入点を「企業, 経済, 生体, 都市, 生態系などの複雑なシステムの中で, ひとつの小さなシフトが, 全体に大きな変化をもたらすことができるポイント」であると定義したのはよく知られている. 非常に明快に思えるが, 彼女はこれとは異なるひとつの現実も指摘する. 人々は直観的に介入点がどこにあるかを知っている. それにもかかわらず, 間違った方向に介入点を押し進め, そして意図しない一連の結果を生み出してしまう傾向がある. メドウズは, まさにこれが経済成長にも起きていると述べた.「世界の指導者たちは, 事実上すべての問題に対する対策として経済成長に固執してきた. だが, 彼らはそれを全力で間違った方向に推し進めてしまった[1].」

　その結果, 貧困の削減を目的に立案した世界の経済政策が数十年後には貧困の罠へと姿を変え, 多くの国全体を経済的に奴隷化し, 民主主義を不安定にし, そして大規模な環境破壊に「幅広い資金提供」をしてきた. 経済の目的が, 未来を大切にすることから, 未来の価値をひたすら割り引くように変わってしまうのを, 私たちは目の当たりにしてきた.

　そうであれば, 多くの市民がますます怒りを募らせ, これまでの経済思想では自分や家族に経済的な安全や自立をもたらすことができないと直観したとしても何ら驚きではない. そして, これまでの経済思想をひっくり返す必要があると考えるのも当然である. しかし, このことは突然の成長の終焉, あるいは経済崩壊を必然的に意味するのであろうか? 決してそんなことはない.

　たとえば，エネルギー変革だけでも経済成長を推進できる．そうでないはず
はない．それは，経済システムの基盤の根本的な再編にほかならないからであ
る．この再編は，経済に対する楽観的な見方を強化し，あらゆる部門において
投資機会や雇用を創り出す．加えて，この変革が公正に管理され，誰もが将来
への関与を認められるのであれば，経済崩壊のリスクを回避するために必要な
政治的安定性を確保することができる．そうは言っても，私たちは成長につい
て断定的であってはならない．問題は，何が成長しているかということだから
である．確かに，経済を循環型モデルへ移行させ，物質的フットプリントを減
少させる必要がある．そして最終的には，経済の焦点を，ウェルビーイングの
成長に移行させる必要がある．これはすでに起こり始めている．地方自治体や
各国政府の中には，新しい経済モデルを試験的に導入しているところがある．
われわれは，ニュージーランド，フィンランド，アイスランド，スコットラン
ド，そしてウェールズによる「ウェルビーイング経済同盟」についてすでに言
及した．加えてアムステルダム，ブリュッセルおよびコペンハーゲンなどの都
市も，経済の古い価値観に積極的に挑戦し，それを方向転換する方途を見出そ
うとしている．

　このように将来の大惨事を回避するためのコストは法外に高いものだろう
か？　もしかすると，そのことが私たちを躊躇させる原因なのだろうか？　そ
れは違う．第一に，これはコストではない．未来への投資なのである．われわ
れは，必要な投資は世界の年間 GDP の約 2〜4% 程度と推計している．最も
巨額な投資が必要とされるのは，持続可能なエネルギーおよび食料安全保障の
分野である．このわれわれの推計は，他の研究結果ともよく一致している[2]．
実際，作家で学者のユヴァル・ノア・ハラリと彼のチームが，経済や気候に関
するさまざまな報告書を精査した結果，エネルギーの方向転換に必要なコスト
に関する多くの試算は，世界の年間 GDP の 2〜3% 程度に収斂していること
が判明した．これとの比較でいうと，各国政府は今回のパンデミックの衝撃に
対抗するため，世界の総 GDP の 10% 以上の額を振り向けている．

　これほど便益が大きく，それに比してコストが小さいのに，一体，何がその
実施を阻んでいるのだろうか？　結局のところ，私たちのマインドセット，つ

まりは,「勝者総取り」の世界観が蔓延しているからだろうか？

レンティア資本主義の台頭

　私たちの経済は,とくに第二次世界大戦以降,大規模な変革を遂げてきた.この変革には,マインドセットの段階的なシフトが伴っていた.つまり,不完全ながらも,公益のために組織されていた経済から遠ざかり,とくに1980年以降は,主に少数の世界的エリートのために役立つ経済へと変化したのである.この利権階級の富は,金融資産の所有によって増大し,その結果システム分析でいう悪循環に陥った.つまり,資産はさらなる資産を生み,それは,ますます少数の人の手に集中していったのである.この変化は,とくに,富裕国に特徴的な3つのナラティブによって理解することができる.富裕国の変質が世界中の経済情勢を劇的に変化させたのである.

　戦後(1945〜1975年)の西側では,第一のナラティブが支配的だった.経済は世界的ではなく,まだ個々の国に属していた.意思決定は,ビジネス,組織労働者,政府の三者で行われていた.銀行および金融部門は二次的な役割を担っており,経済全体を支えるものであっても,その推進役ではなかった.経済の主要な目的は,その当時,社会的セーフティネットを支えていた完全雇用であった.インフラは政府によって提供され,そして税金は利益,所得,消費に対して課せられた.この経済システムは,世界のいくつかの地域で安定や繁栄,そしてより広範な平等を促進した.しかし,時が経つにつれて,インフレ,新興工業国との競争,労働紛争などいくつかの課題に直面した.

　次にどうなったのか？　第二のナラティブは,市場の自由化時代(1980〜2008年頃)である.西側の有力な国々は,効率性と引き換えにグローバル化を受け入れた.政府の機能はどんどん民営化された.政府と組織労働者の力は弱まり,一方ビジネスの力は強化された.金融部門は経済を支配するようになり,規制緩和がいっそう進められ,世界的に拡大した.政府の優先事項は,国内で市場が順調に機能するよう支援し,インフレを抑制し,政府の直接的な経済活動を制限することに移行した.利益および資本に対する課税は引き下げら

れた．そして，新たな問題が発生した．それは，増大した民間債務，弱体化したインフラ，短期的な金融に関する意思決定，そして不平等の拡大である．

　2008 年の金融危機の頃には，市民と政府の間の社会契約として試されてきた第二のナラティブが失敗したのは明らかであった．この危機では，ほとんどの政府の最優先事項は，資産価格と金融システムの保護であったことが明白になった．新たな流動性の供給，金利の引き下げ，そして不安定な資産の買い取りに重点が置かれた．さらに悪いことに，その救済コストは国民の財布に転嫁されたのである．

　2008 年以降，一方で公共部門に緊縮財政を課しながら，借入金を利用して第二のナラティブを再起動させる試みが行われた．進行中の構造的な経済の力が，不平等を加速させ，経済的に不安定な人々の数を増やし，中間層を縮小させ，そして成長を損ねた．2015 年／2016 年までに，とくに英語圏の世界で，さまざまな傾向のポピュリズムが急速に台頭していったことも何ら驚きではない．だが，新型コロナによるパンデミックが発生すると，（2008 年の金融危機のときと同様に）新たに何兆ドルもの資金が優先的に金融システムに流れ込んだ．同じことは何度も繰り返されるのである．

　その後，自由市場の名のもとで，第三のナラティブが，寄生的な「レンティア経済（rentier economy）」として着実に台頭してきた（訳注：rentier は仏語で不労所得者の意）．生産，消費，交換を中心に組織されていると多くの人々が考えているような伝統的な経済はどこかに消え去った．お金はお金に基づき創造され，そして資産価値は，株式，債券から，不動産，知的財産，暗号資産に至るまでさまざまにシフトした．このような金融資産の操作は，今や世界中の経済の意思決定を支配している．

　マンフェラ・ランフェレは，「この持続不可能な独占ゲームの化けの皮をはがす必要がある．それは，単に，プレーヤー兼レフェリーとしてそのシステムを独占してきた人たちの私腹を肥やすプラットフォームなのだから」と述べている[3]．

　実際，レンティア資本主義への移行は，何十億もの人々の機会，安全，ウェルビーイングを犠牲にしてきた．社会的，環境的な正義が犠牲になっているこ

とは，ますます明確化してきている．当然に，新しい経済理論を求める声が大きくなっている．

人新世におけるコモンズの再考

　経済をさらに遡り，あるいは代替モデルを求めて現代世界を深く探求すれば，今日のレンティア資本主義とはまさに正反対の経済を構築するツールを見つけることができる．それは，共有のコモンズを確保することによって，人々のウェルビーイングを強化することに焦点を当てた，経済本来のナラティブに依拠するものである．

　以下はひとつの簡単な例である．ネパール渓谷のはるか上流に住む村人たちは，下流の運河の整備を手伝い，下流の村人たちは上流のダムの整備を手伝っていた．このようにして，彼らの誰もが，共有の資源，つまり水へのアクセスを獲得した．彼らはこのシステムから配当を受け，そしてこの文化的，自然的価値を持つ資産を維持するための努力を積み重ねた．

　かつて世界には，コモンズ管理のための洗練された事例が豊富にあった．そのようなシステムは，「土地は公共財であり，将来の世代の便益のために，現在の世代が管理する」ことを保証するものであった[4]．それは，今でも多くの伝統文化の中に，本来あるべき姿で見出すことができる．「コモンズ」という概念は，人類の歴史を糸のように紡いでいる．この糸は，普通は排除や収奪の陰に隠れているが，決して消え去ることはない．それは 21 世紀に再興しつつあり，その糸はほとんどどこにでも姿を見せるようになっている．それは，ロンドン郊外の一本の木の下にもある．

　イングランドのサリー州にあるアンカーウィックのイチイの木は，樹齢約 2500 年である．1217 年にイングランドで「森林憲章」が制定された時に，その木はすでに老木であった．森林憲章は，薪，泥炭，倒木の採取や季節ごとの動物の放牧など森のさまざまな恵みを，地域住民が生活上の必要を満たすために利用する不可侵の権利を認めていた．要するに，当時の封建制度の下，他人が所有する土地において，住民たちがそれまで相続してきたコモンズにアクセ

スすることを認めるものであった．これは実に賢いやり方である．国王は，食料暴動や山賊行為，そして住民が納税できないような事態が起こる危険を避けたかった．同時に，国王は，大土地所有者たちに権力闘争を行う力を与えることも避けたかったのである．

　この憲章は，年に4回，国中のあらゆる教会で読み上げられ，地元の人々は「コモンズは利益のためではなく，（彼らが）生きていくために存在する」ということを権力者に対して勇気を持って想起させた．歴史にはこれと異なるストーリーもある．1760年から1870年の間に400近くの議会法が制定され，280万ヘクタール近くの土地（イングランドの面積の5分の1に相当する）が没収された．それでも，奇妙なことに森林憲章は生き残り，それが廃止されたのは，制定から754年後の1971年，新自由主義経済が本格化し始めた頃であった．しかし，アンカーウィックのイチイの木はまだそこに立っていた．2017年に憲章制定800周年を記念して人々はそこに集まり，「コモンズを復活させることは，私たちの未来を尊重することである」という新たな想起文を発出した．

　土地は，コモンズに対する侵略の最初のターゲットにすぎなかった．最終的には，利用者本位の風習や慣行の駆逐は世界的な規模で行われた．没収，植民地支配，奴隷制は，人々の自立の度合いを低減させた．独立した生計手段に替わって，労働を賃金と交換するようになり，人々の生活には悲惨さと不確実性が広がった．財産権が人権より優先される緊張状態は，現代に至るまでずっと継続している．

　しかし，初期の産業資本主義の行き過ぎが，そのまま変わらず通用してきたわけではなかった．18世紀末からの社会の進歩や革命は，まず奴隷制の廃止を求める圧力となった．19世紀半ばの政治的動乱の後，新興の労働運動が対抗勢力となった．20世紀に入ると，世界のさまざまな地域で，「人民の名において主要な諸資源を国家が管理する」という社会主義者の対照的な主張が，もう一極の政治的挑戦として機能した．西側では，とくに第一次世界大戦後に公共部門が順次設立され，コモンズの概念を「福祉」というアイデアが代替した．つまり，市民はフルタイムで働きながら，年金や失業手当のために税金を

納めるという仕組みである．

このような社会契約においては，公共投資が，教育，交通インフラ，健康，空き地，住居など，必要不可欠な社会的な財やサービスを低コストで提供する．ビジネスは，地球の恵みへの排他的で閉鎖的なアクセスの代償として，そのような投資を行う公共部門に税金を納めることになる．コモンズという考え方は死んだわけではないが，埋もれてしまった．一方で，地球の恵みや以前の社会から後世に残されたものを侵害する傾向は，衰えることなく継続した．

著作権や特許権，言い換えれば知的財産権の拡大により，知識さえもが囲い込まれた．20 世紀後半になると，このようなコモンズの専有は，たとえば，個人データから価値を得るようなデジタル分野や，生物分野にまで拡大されていった．世界中の種子や生物にまで私的な権利が主張され，長期的な環境保全に必要な遺伝的コモンズをも濫用し始めた．

最終的には，日々使用する公益物である貨幣そのものが変化した．現在では，信用は政府ではなく，規制の緩い民間銀行システムによって創造されるようになった．この信用は民間銀行が優先すべきと考えるものにより多く振り向けられ，まずは，既存の資産の購入に莫大な融資が行われた．今や，独立した経済活動と交換の最小限の保証である現金でさえも急減している．要するに，誰にでも利用可能であったコモンズの大部分が，企業によって囲い込まれてしまったのである．

この間，資源は豊富であるが資金のない国では，ローン返済のために，採鉱，河川，木材，その他の採掘権が売却され，所有権が移った．そのような国の国民は，自分たちのコモンズが吸収され，搾取されるのを目の当たりにしてきた．農地の豊富な牧草は，何千マイルも離れた人々の手に渡り，そして地域経済システムがグローバル化に席巻されてしまったため，人的資本さえも専有された．

現在の課題は，コモンズを尊重し，21 世紀の文脈で機能する経済運営システムを再建することである．ランフェレは次のように述べている．「地方における必要なモノの生産と消費（地産地消）を基本としたコミュニティベースの経済システムを創り，それぞれの地方に特有な生き方をする必要がある．すべ

ての人のウェルビーイングと生態系の保全とを確保するために，近隣のコミュニティとの余剰物の相互交換を復活させる必要がある．すべての人に居場所と帰属意識を復活させる，相互に連結した村落共同体モデルである．」

そうするには，経済の運営システム，すなわち，経済のゲームボードを大きく変更することが必要である．

従来型の経済のゲームボード

レンティア資本主義は，現在世界で機能している唯一の経済システムではない．中国は国家資本主義モデルを採用しており，土地，貨幣システム，重要な中核的ビジネス（鉄鋼，セメント，鉄道，公益事業，信用供与）などの管理は，通常は国営企業を通じて中央政府が行っている．中国はまったく異なる羅針盤（方針）を持っていると考えられる．実際，中国は，2021年に不動産バブルを抑制し，裕福だが遠慮のないテクノロジー界の大立者を取り締まり，指導者の「共同富裕の創造」という題目の下，不平等が少ない社会を作ろうとしている[5]．

しかし，この2つの近代経済における重要な発展段階を分析すると，そこには類似点が多くあることがわかる．第一に，国内市場を発展させ，信用を創造し，インフラに投資し，そして農業経済とは対照的な工業経済の成長を支援する．生産性と機会が増え，都市化が進み，人口は集中する．生産の規模および効率は向上し，外部の市場（たとえば，植民地の拡大や外部でのマーケットシェアの獲得など）が利用可能にならなければ，すぐに過剰生産に陥り，そして利幅は縮小する．労働力は，第一次産業から工業を中心とした第二次産業，そしてサービス業を中心とした第三次産業へと移っていく．

規模が大きい産業は，（もし，社会的，環境的影響に対する責任を問われないのであれば）何を生産するにしても大変に効率が良い．その結果，賃金および所得が上昇し，貧困は低減する，そして内需も高まる．だが，貯蓄も同様に上昇する．投資機関は，預金者と同様，リターンを求めてあらゆる機会に目を向け始める．産業経済から迅速な投資収益を得られないのであれば，第二段階

では，とくに不動産，株式，債券などの既存の金融資産へシフトする．さらにその先には，複雑な金融派生商品（デリバティブ），先物商品による通貨や実物商品（コモディティ）への投機が起こる．

　金融部門は拡大し，その部門における競争相手の数を減少させる．民間の投資会社は，ニッチな分野の中小企業の所有権を巻き上げる．その結果，独占が加速し，膨大な資金を使って新しい分野を独占しようとする．そしてテクノロジー企業の「電撃的拡大」現象が起きる．つまり，このシステムは，自由で公正な市場における効果的な競争とはまったく逆の方式で機能している．レンティア経済は，資源へのアクセスを有料化し，競争を制限し，そして要は，価値を創造するというより，価値を釣り上げるのである．その後，レンティア経済は，経済的な超過利潤（不労所得）を，経済学者のマイケル・ハドソンがFIRE 部門と呼ぶ，金融，保険，不動産の分野につぎ込む．このような行動は，現行システムのバグではなく，レンティア資本主義のゲームボードから予測できる当然の構造的な帰結である．

　その過程で管理費が上昇し，労働者の雇用はより高くつくようになる．住宅ローンや信用取引へのアクセス，それらの債務返済コストは必要以上に高くなり，やがて時間とともに家計のより大きな部分を占めるようになる．労働者はより多くのロボットや人工知能（AI）に取って代わられる．これにより，1980年からすでにそうであったように，国民所得において労働者が占める所得割合は低下し，労働者の生活の質全体が下がる．ギグワーク，福祉の崩壊，不平等，不安が巷にあふれる．さらに，気候破壊，パンデミック，生物多様性の喪失など，生態系がますます破壊されていく中で，超過利潤を求める行動は，「社会的緊張指数」が示すように，社会の崩壊を早める．どうすれば人々のために，このシステムを迅速にリセットできるか，その答えを出せる人はどんどん減っていく．

　しかし，もし私たちがこの経済ゲームボードの本質を理解し，全体に影響を及ぼせる利用可能なツールを認識していれば，本書が焦点を当てている 5 つの劇的な方向転換を公益につながる形で構想し，実現できる．

　図 8.1 は，Earth4All モデルのフローを反映した経済ゲームボードを描いた

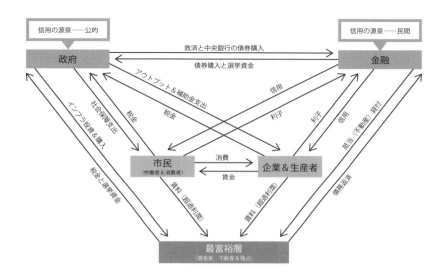

図 8.1　重力と同様，現在の経済ゲームボードには「トリクルダウン（trickle-down）」効果がある——ただし，お金が流れ落ちる先は主に富裕層である．「2020 年，金融部門の富は 250 兆ドルとなり，世界の富の 52％ を占めた．しかし，実物資産も 2 倍の規模となった．主に不動産の所有による増加もあり，実物資産は 235 兆ドルとなり，世界の富の 48％ を占めた．」（参照：Anna Zakrzewski et al. "When Clients Take the Lead: Global Wealth 2021", BCG (June 2021)，および，Sean Ross, "Financial Services: Sizing the Sector in the Global Economy," Investopedia, September 30, 2021.）

ものである．図の中央に描かれているのが，経済学の入門書や多くの人が知っている経済を代表する 2 人の主要なプレーヤー，つまり，市場で交換を行う消費者（家庭，労働者，市民）と生産者（企業など）である．レンティア経済では，さらに 2 人の主要なプレーヤーがいる．「金融・銀行部門」と資産，不動産，その他を独占する「資産家」の 2 人である．政府はこのゲームボードを監督しようとするが，新自由主義イデオロギーによって弱体化され，追い詰められている．

　このゲームボードには，どこでお金が生み出され，経済によってそれがどのように流れ，そして最終的に，多くの貧しい人々ではなく，富裕層にトリクルダウンするかが描かれている．まずボードには，2 つの「お金を生み出す木」

がある．右上にあるのは，民間のお金を生み出す木である．銀行業の「秘密」は，新しい融資を行うたびに，ほとんど何もないところから信用としてお金を生み出すことである．ここでは，民間銀行は借金という裏面を持つ信用としてお金を生み出し，利益を上げている．これが金融部門を潤している．

　左上には，公的資金を生み出す木がある．これは，経済的な主権を持つどの国の政府でも活用できるが，第 3 章の貧困の方向転換で説明したように，通貨が弱い国や自国通貨がない国の多くでは利用できない．

　現在，ゲームボードを支配しているのは，右上の金融部門である．二番目に支配的な部門は，最富裕層である．それは，独占や不動産，知的財産，鉱物資源など現存の資産を持つ資産家で構成されている．彼らは，信用の創造者たちと親密な同盟関係にある．

　今日の経済では，これら 2 人の支配的なプレーヤーが常に勝つ．彼らは，すでに残りのプレーヤーが絶えず資金という餌を提供しなければならない獣と化している．この 2 人のプレーヤーは，もはや「あまりにも巨大すぎて潰せない」のである．お金は少数の最富裕層に流れる．しかし，結局，お金とは社会的に生み出されたものにすぎないことを思い起こす必要がある．銀行業のライセンスは政府によって与えられ，（少なくとも国内的には）政府によって規制されている．このことは，この経済ゲームは必ずしも現在のように行われなくても良いことを意味している．

ゲームボードを描き直す

　それでは，私たちが以下に説明する 3 つの政策レバーを引いたとすると，ゲームボードをどのように描き直せるだろうか？

　最初のレバーは，資源の採取や共有のコモンズの使用に課金し，それを原資とした普遍的かつ基本的な配当を分配するための市民ファンドを設立することである．そして，「自然」をもうひとつのお金を生み出す木としてボードに追加する．目に見えないが，すべての富の源泉として自然はずっとそこにあったが，これまで自然は評価されてこなかった．それゆえ，自然は無視されやす

く，破壊されやすいものとなった．かつてのコモンズのように，一旦自然からの恩恵が市民に共有されるようになれば，富は労働者，コミュニティ，家庭に還元される．

　第二のレバーは，不平等，気候変動，その他の危機に対処する戦略に投資するために金融を規制することである．これにより民間のお金の木を新しい形で揺することができる．この規制により，融資を化石燃料や持続的ではない農業から，クリーンエネルギーや再生型農業の実施に振り向けられる．また，豪華なマンションから，手頃な価格で耐久性のある地域密着型の住居へ振り向けることもできる．これを可能にするため，2人のプレーヤーを覚醒させる必要がある．まず，政府がより強力な役割を担って移行を促進する．そして，市民をその未来のために投資する価値のある「公的主体」であると位置づける．

　自国通貨を持つ政府は，公的資金の木を揺らし，上記の2つのレバーを刺激して，環境と人間の安全保障につながる利益を長期的に獲得することができる．自国の通貨を完全に管理し，ゴールドのような実物商品に裏打ちされていない通貨（金本位制でない通貨）を所有している政府は，自ら稼いだり，借りたものだけに資金を使う必要はない．政府は，経済においてまだ活用されていない実質的な容量（たとえば，さまざまな形態の資源）がある限り，過度のインフレを引き起こすことなく，実際にお金を使うことができる．

　第三のレバーは，不公正な債務の帳消しである．これはゲームボードを劇的に変更する．ここで，政府は，債権者が不公正な条件で保有する債務の免除を要求するために介入する．低所得国に負担を強いている9000億ドルの国際的債務を帳消しにすれば，コロナ禍後の貧困に対処し，資源の補充や維持のために十分な支出をすることができる[6]．このような動きは10億人もの人々に良い影響を与えることになる．

　今や，私たちのゲームボード上の資産は，金融部門や資産家の手にのみ集中するものではない．これらの資産は，生産者，消費者，政府など，ゲームボードの中央部にまで再び浸透し始める．そして，巨額の投資を必要とするが，これまで無視されてきた基盤である「自然」や「社会」，すなわち現代の経済用語で言えば「自然資本」や「社会資本」への投資を支援する．

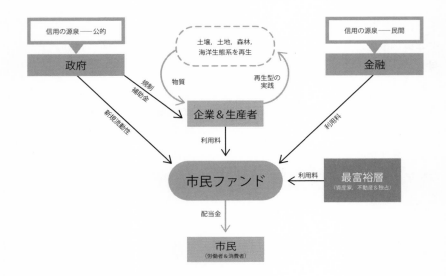

図 8.2　市民ファンドを介した全市民への富のより公正なトリクルダウン．共有資源（生産的，自然的，知的，社会的コモンズ）を活用し富を得る者は利用料を徴収され，それは市民ファンドに投入される．このメカニズムは，図 8.1 の不公正な新自由主義的ゲームボードの力学を修正し，それに対抗するものであり，経済変革期の市民に不可欠なセーフティネットを提供する．

　この文脈で，現代経済の聖杯（holy grail）である経済成長は，まったく新しい性格と目的を持つことになる．私たちは，消費と生産という年間フローで狭義に成長を捉える測定法から，広く共有された富で成長を測定することに焦点を移す．この意味での富に関しては，以下に追加的な説明を行う．

　「生産的コモンズ」とは，貨幣価値や市場価格で簡単に測定でき，計上できるような人間が作った資産のことである．それは，機械，道路，インターネット，送電網，水道，港湾，特許，公共のアクセスが可能なあらゆる建築インフラ，そして何よりも教育を受けた能力のある労働力である．「自然的コモンズ」は，土地，土壌，安定した気候，河川，沿岸海域，深海，海藻や海草，森林，雲，山岳生態系，鉱床，安全なオゾン層，そして地球のさまざまな生命維持システムで構成されている．自然資本の最も重要な形態は，手つかずの生態系が多様な生命に必要な条件を作り出し，そして自己修復する能力である．「知的

コモンズ」は，芸術と文化，共有された知識，伝統，法律，データベース，ソーシャルメディアのデータ，遺伝子，オープンソースのアルゴリズム，言語，規範，共有された世界観などを含むものである．これらのすべてとそれ以外のものは，「社会的資本（コモンズ）」の中核である人間関係や制度的信頼のストックに影響を与える．

　言い換えれば，経済システムにおけるフローとストックが，金融資本を優先して管理される場合には，GDP や国富は増加しても，環境の安定性や社会的ウェルビーイングは損なわれる．従来型のゲームボードでは，システムはそのように機能しているのである．

　生産が自然のストックと調和し，ますます少ない資源の使用や再利用で材料が生産されれば，生態学的フットプリントは減少し，真のグリーン成長が実現できる．これは，資源生産性の変化が，資源の枯渇や二酸化炭素の排出を逆転させるほど，十分に速く進むことを前提としている．だが，資産や機会の公正な分配や社会資本の維持を通じて人間のウェルビーイングを考慮しなければ，真に健全な経済は実現できない[7].

　健全な経済，すなわち多くの人がウェルビーイング経済と呼ぶもの（p. 34 のコラム「ウェルビーイングとは何か？」参照）では，将来の繁栄は，GDP が測定する経済活動の浮き沈みに依存しない．そうではなく，将来の繁栄は，コモンズ，すなわちすべての種類の資本ストックを時間とともにいかにうまく構築し，維持するかにかかっている．その場合，国富の変化は，あらゆる資本の年次変化を，何年にもわたりバランスよく測定することで得られる．

　このような経済運営のアプローチにおいては，もはや資産家や最富裕層の富を単に増やすことではなく，すべての人々に奉仕する幅広い富をバランスよく成長させることが重視される．たとえば，第 2 章の「大きな飛躍」シナリオの道筋においては，シュウ，サミハ，アヨトラ，カーラに，そのような富がまさにトリクルダウンしていたのだ．彼女たちは成長するにつれ，世界のコモンズの中の自分たちの取り分を，市民ファンドから配当として受け取るようになる．この配当によって，彼女たちは人生で積極的なスタートを切り，健康的な食生活を送り，より良い健康や教育へのアクセスを得ることができた．その

後，都市が変貌していく中で，市民ファンドは彼女たちに経済的な安定を与えた．ファンドは，ある産業が衰退し別の産業が成長しても，彼女たちに再教育を受けることを可能とした．親の世代とは異なり，彼女たち 4 人は生涯を通じて，政府が多くの場合に自分たちの利益のために働いてくれていると感じていた．

短期主義：寄生的な金融システムへの道

　現在の経済システムは，自然資本と社会資本からの価値の収奪でしかない．加えて，それは，コモンズへの再投資による長期的な価値創造をないがしろにしている．それでも，なぜ私たちは，今のシステムに固執するのか？　その理由は，少なくともほとんどの場合，悪意ではない．むしろ，伝統的に全体の重点が，短期的な利益の確保とそのための意思決定に置かれているからである．その結果，長期的なコモンズのストックの維持や将来の衝撃や緊張に対する回復力の強化を犠牲にしてきた．実際，ほとんどの経営者は，1 年，3 年，5 年の業績で評価されるため，短期主義に陥ってしまっている．また，ほとんどのファンドマネージャーは，気候変動の危機による影響は，はるか未来ものであると誤解してきた[8]．

　この 20 年余りの間，頻繁に指摘されてきた事実は，中央銀行のオペレーションを通じて金利が低く押し下げられてきたことである．中央銀行は，金利の急激な上昇が，不安定な負債の山に衝撃を与え，ビジネスの破綻を急増させ，深刻な景気後退を引き起こすという恐怖に駆られてきた．低金利は，実質的な生産能力の向上に必要な投資に向けた借入を奨励することを意図していた．しかし，多くの場合，低金利は，さらに多くの「ペーパー」資産購入のための借入を促し，キャピタルゲインの追求を助長してきただけであった．低金利は，実は以下のようなかなり単純な仮定を想定している．つまり，現在の借入コストが非常に低いため，強い自国通貨を持つ政府は，2008 年にも 2020 年にもそうしたように，借入を好きなだけ行うことができ，それでも，負債の利子を将来に「負担」させることはないという仮定である[9]．

　このような底流に流れる力学が，システム全体の失敗を引き起こす．過度に金融化された経済システムは寄生的となり，再生産できる以上のものをコモンズから収奪し，人間の安全保障を支える広範な富を損なう．不平等が悪化すると，ウェルビーイングや信頼は損なわれ，そして社会的緊張が高まる．

システムチェンジの具体化

　もし政府が本書で説明してきた5つの劇的な方向転換を実現したいと望めば，そのために必要な巨額の資金を創出することによって，政府はゲームボード上のフローとストックを変更できることが理解できた．この資金は，コモンズの補充と維持のために使われ，収奪のための古いツールを改良することで，ウェルビーイング経済を構築することができる．

　しかし，このような持続性の強化や資金の創出を，どのようにして新しい経済の運営システムの構造に組み込めばよいのか？　ウェルビーイング経済がうまく機能するためには，市民は自分たちのコモンズから資金を確保する必要がある．コモンズが囲い込まれた（一握りの人々によって「盗まれた」）ことを前提にすると，私たちはその補償ないしは配分を求める権利がある．この配当は，「福祉の移転」としてではなく，「市民の権利」として，経済活動から得られるものである．

　労働・社会政策の専門家であるガイ・スタンディングは，著書 *Plunder of the Commons*（コモンズの略奪）の中で，徴税（課金）の対象となり得る3種類のコモンズを同定している[10]．一番目は，「枯渇性コモンズ」であり，これは共通の自然資本の資産として扱われるべき，鉱物や化石燃料などの再生不可能なものである．二番目は，「補充可能なコモンズ」であり，補充のための資金を確保しておくことが必要である．最後は，「再生可能なコモンズ」で，水や大気のような有形のものからアイデアのような無形のものにまで及ぶ．これらすべてのコモンズから得られる利用料は，誰にでも直ちに還元できる．これが，コモンズを囲い込んだことに対する補償となる．

　加えて，まさにネパールの例や「森林憲章」の例に見られるように，コモン

ズは生存に必要な基本的ニーズを満たすことに貢献するものとする必要がある．そのストック（あるいは資産）としての価値を維持するというコモンズの原則の下でも，コモンズへのアクセスや小規模な利用は奨励されるべきである．コモンズがあればこそ，私たちのニーズやコミュニティのニーズを満たすために，どのような経済活動が必要であるかがわかる．そのような経済活動は，通常，非常に小規模で，ピアツーピア（P2P），すなわち対等な仲間どうしの活動であることが多いため，私たちの認識からしばしばこぼれ落ちてしまっている．

　ラテンアメリカでは，トランスナショナル研究所（Transnational Institute）が，コモンズに基づくウェルビーイング経済を支える規準として以下のような点を挙げている．「(1) 集団的かつ民主的に管理された物質的あるいは非物質的資源，(2) 協力的な関係を育成し深化させる社会的プロセス，(3) 新しい生産のロジックと新しい生産プロセス，(4) 古典的な市場／国家や公／私というような二項対立を超越した進歩としてコモンズを構想するパラダイムシフト」の 4 点である[11]．市場でも国家でもなく，コモンズの方がより良いという最後のポイントは，繰り返し言及されてきた重要なテーマである．

　実際，新しいコモンズは，社会的企業，信託基金，協同組合あるいは単なる利用者グループなどにより，充足と楽観を念頭に設立し，管理することが可能である．近年，デジタルインフラによって具体化された，さまざまなイニシアチブが現われている．このような多様なコモンズには，種子共有協同組合，オープンソースのソフトウェアプログラマーたちのコミュニティ，地方経済を刺激する補完的な通貨の創出と使用，加えて地域支援型農業，再自然化，スローフード，コミュニティ土地信託といったローカルフードイニシアチブなどがある．これらはすべて，私的または国家的な管理の外にアクセス可能な資源やツールを持つと，新たな価値が創造されるという側面を反映したものである．「P2P 財団」の創設者で，ピアツーピア経済学に注力しているミシェル・バウヴェンスは，このような活動を「民主主義のための学校」，つまり参加と協働の真の実践であるとも述べている[12]．

システムの失敗を解決する

　レンティア経済とは，資産家の利益のために株式および株式価値へのアクセス権を制限することにほかならない．資源税による税制措置も，土地や鉱物の濫用には大きな影響を与えることはできない．経済的な超過利潤の一部を利用料として捕捉し，そしてその利用料を市民の配当の一部となるように振り向ける追加のツールボックスが必要である．

　このような配当の一例として，経済学者のジェームズ・ボイスと起業家のピーター・バーンズによって，二酸化炭素による汚染や大気の利用に対処するために発案された措置がある．両氏は，サプライチェーンの可能な限り上流まで利用料を徴収することを提案した．もし大気が二酸化炭素排出によって汚染されているならば，たとえば排出量の上限設定は，安定した気候という共有資源への汚染者の影響を削減するよう，排出量1トン当たりの価格を十分に高いものとすべきであるとした．これは，二酸化炭素の排出量に対する価格を上昇させることを意味する．ここまでは，よく知られた話である．しかし，この段階では，これはコモンズに関するものではなく，単に「バッズ（bads）」（汚染，ないしは経済用語では「外部性」）に対する税の話である．このような税は明らかに良いアイデアである．しかし，これによるエネルギー価格の大幅な上昇は，貧しい人々や地球温暖化をほとんど引き起こしていない「世界の大半」の人々に偏った影響を及ぼす．このことは，常にこのような資源税の魅力を薄めてきたが，その理由には確かにうなずける点がある．

　ここに，課金・配当方式を導入すれば，二酸化炭素価格の大幅な上昇で得られた収益は，共同所有者である個々人に再循環される．この収益は，「普遍的基礎配当」となる．そしてこの配当は，富裕層に比べて二酸化炭素の排出量が極めて少ない低所得者層への補償となり，一方で企業による二酸化炭素排出の多い活動を抑制することになる．この方式は，あらゆる場所で自然保護に配慮した選択を奨励する．政府や企業を信用する人がほとんどいない中で，この方式を確実で信頼できるものにするためには，受託者信託基金として設立された

市民ファンドが，中央銀行と協力して，この利用料と配当金の管理を担当することが考えられる．この新しい組織は，そのひとつの任務だけに専念するものとし，それがうまく運営されれば信頼を獲得できるはずである．現在ではこのようなシステムは，あまりに大胆で実現性がないように思えるかもしれないが，中央銀行はすでに誰もが利用できる口座を持つデジタル通貨を検討しており，また中央銀行以外にも一定程度に自律的な機関はすでに存在している．

　炭素に関する課金・配当方式は，勤労所得にではなく，不労所得あるいは経済的な超過利潤に課税するプロセスの一例である．それは，私たちの個人情報，立地条件による地価の上昇，金融インフラ，そしてインターネットのような基幹ネットワークなど，政府によって作られたにもかかわらず資産家によって専有されてきた潜在的に多様な資産を，課税の対象として認識することである．そしてこの課税は，経済的正義のための主要なツールであり，結果として大きな政治的支持を得る可能性を秘めている．

　アラスカ恒久基金（APF）は，男性も女性も子どもも配分を得られる真に普遍的な基金である．その配分は，各年の利用料徴収額に応じて変動し，そして市場の実態に連動している．これは，生活保護費ではなく，既存の収入および手当に上乗せする以上の効果はないと考えられている．しかし，この制度は，経済的正義およびすべての国民の包摂を実現するものとして人気を博している．

　課金・配当方式の基本コンセプトは，2019 年に米国でベーカー・シュルツ計画という超党派の提案として取り上げられた際，約 3000 人のエコノミストに支持された．この案の知名度が本来期待されるほど高くないとしても，同案に相当な支持がないわけではない．

　バーンズ[13] は，その著書 *With Liberty and Dividends for All*（すべての人に自由と配当を）の中で，主に炭素，金融インフラ取引料金，そして知的財産関連の利用料に課される包括的な課金・配当システムは，米国市民に一人当たり年間 5000 ドルを支払う潜在力があると述べている．つまり，所得の中央値が約 8 万ドルの米国では，4 人家族は年間に追加で 2 万ドルを市民ファンドから受け取れることになる．

化石燃料などの資源の過剰消費を公正な方法で削減する破壊的な変革期においては，これは所得への大きな追加給付となる．市民ファンドに関する優れた政策形成が，危機の時期に信頼，善意，経済的安定を築く抜本的な経済的イノベーションとなり得ることは明らかである．

コモンズの視点には配当以上のものがあるという事実を浮き彫りにしているのは，まさにこのようなシナリオである．コモンズの共同所有者（同時に受託者）として必要とされるのは，決して複雑なことではない．それは，たった3つの主要な要素から成り立っている．

- ツールや資源へのアクセスを確保しながら経済活動に参加し，単なる従業員や顧客以上の価値を付加するチャンスとする．
- コモンズの共同所有者として，何らかの囲い込みの成果の分配あるいは配当を受け取る．
- 配当を提供する資本の維持あるいは増強を通じて，この配当の持続性の確保を図る．

結論

本書で取り上げられた非常に多くの方向転換が，今日の経済システムのフローの再調整に焦点を当てたものであることは，驚くには当たらない．エネルギーの方向転換は，テクノロジー，行動変容，適切な価格の組み合わせを必要とする．適切な価格とは，変化を加速し公的および私的チャネルを通じて投資を呼び込むことができる価格である．同じようなパターンが食料の方向転換でも見られる．再生型農業，精密発酵，細胞農業などの非常に速い革新サイクルは，投資を呼び込み，価格も下げ，それによって需要の拡大をもたらす．つまり好循環が作り出せるのである．ちなみに5つの方向転換のうち残りの3つは，再分配に関するものである．すなわち，貧困，不平等，そしてエンパワメントの方向転換である．この3つが揃うことで，経済はより包摂的になり，社会資本は強化される．

また，私たちが日々経験している経済は，ますます金融的な事象になりつつ

ある．その上で，われわれはコモンズを基盤としたウェルビーイング経済への移行を提案している．ただ，その移行を可能にするツールの多くが，私たちの既存システムに根差していることは注目に値する．ウェルビーイング経済への移行は，現実主義と理想主義，改善と変革，進化と革命の間の微妙なバランスの中に存在する．

　貧困に対処する上で，貨幣経済の役割は中心的である．つまり，IMF や世界銀行のような国際的な機関は，既存の SDRs のような手段を創出し，活用できる．そして過酷な債務を帳消しにすることで白紙に戻し，低・中所得国の基盤となる国内開発を保護することができる．このことを，貿易ルールの改革と結び付ける必要がある．このような 2 つの移行は，昨今の規範の中にすでに組み込まれている．

　女性のエンパワメントおよび不平等の是正に焦点を当てた方向転換でも，既存の社会プログラムの拡充，税制の調整，適切な法整備などが必要である．このような対策は，過去数十年にわたってゆっくりと実施されてきたが，いまだ十分な進捗を遂げていない．しかし，さらなる努力がなされれば，重要な変化を生み出すことができる．

　実は，このような変化はすべて，経済的関係や経済学そのものの本質をより深く洞察することにつながる．それは，まさにドネラ・メドウズ[14] が次のように表現した通りである．「複雑なシステムの中にある特定のポイント……そこでのひとつの小さなシフトが，すべてのことに大きな変化をもたらす．」これをうまく活用し，コモンズに焦点を当てた新たなアプローチと組み合わせれば，それにより可能となる抜本的な移行が起こる．それは収奪型の経済システムの輪を閉じ，システムを単に循環的にするだけなく，再生型にする．物質的フットプリントを減少させ，自分たちを支えている地球を守る手助けとなる．そして，人々に奉仕するような経済を取り戻すことができる．

　われわれは，これを「変革のためのウェルビーイング経済学」と呼んでいる．まさに，「万人のための地球」である．

第 9 章

今こそ行動を

　読者の皆さまには，この本を手に取り，読んでいただいた事にまず感謝したい．

　ご推察の通り，課題は途方もなく大きく，壁は高い．リスクは深刻で，残された時間は少ない．本書では，「歴史上で最も急速な経済変革を促す必要がある」ということを述べてきた．困難で壮大な取り組みを，これからの10年で始めなければならない．今すぐ，この本を閉じた瞬間から．

　この最終章では，私たちの経済システムを変革し再起動させることによって，何が実現されるかを改めて想起したい．

一世代で貧困に終止符を打つ

　このことについては，もう手の届くところまで来ている．われわれは，2050年までにすべての国で年間の一人当たり平均国民所得が1万5000ドルをこえることは可能だと推定している．もう一世代待つと，この歴史的な目標の達成は2100年近くになってしまう．

国内および国家間のより広範な平等

　私たちの社会が過度な不平等によって引き裂かれることはないだろう．国内および国家間の富の再分配により，将来の世代はその出自や出身国にかかわらず，彼らの夢を実現するためにより大きなチャンスを手にすることができる．

健康な地球に健康な人々が住む

　すべての人は望めばきちんと食事ができる．健康的な食料は健康で長生きするための基礎となる．それは，生存に適した地球の基礎でもある．しかし道を違えると，今世紀中に，地球上の半分以上が肥満となり，ひとつの好ましくない転換点に到達してしまう一方で，数億人が飢餓に直面する．

クリーンで安価なエネルギーが豊富に存在する

　2050 年までに，ほとんどの国で史上初めて，クリーンなエネルギーを潤沢に得ることができる．しかも，その価格は，現在のエネルギーよりも相当安価なものとなる．そして史上初めて，ほとんどの国がエネルギー安全保障を獲得することができる．これによって，各国は化石燃料供給を支配している独裁的な政権との居心地の悪い関係から脱却することができる．

新鮮な空気

　大都市に垂れ込める有害な褐色の雲は消えてなくなる．クリーンエネルギーとエネルギー効率の改善が，大気汚染を劇的に減らす．さもなくば，市場が大気汚染の問題を「解決」してしまう．その「解決策」とは，たとえばこの本に登場した 4 人の少女の物語で言及されている「バブルスクール」（そのような学校が今日存在する！）である．そこでは，お金持ちの両親を持つ子どもたちは浄化された空気で満ちた校庭で遊び，そうではない子どもたちは外で汚染された空気にさらされている．

ジェンダー平等

　家父長的なヒエラルキーを解体することにより，すべての人のウェルビーイングと人間開発の推進に真に貢献する．ジェンダー平等は，多様性，公平性，正義を重視することにより，社会的結束の構築に役立つ．

経済的な回復力と安定

　すべての人々が社会共通の富をより公平に共有できるように経済システムを

変革する．それにより，不可避なショックへの回復力を構築し，民主主義への信頼を高め，多くの人々にとって利益となる長期的な意思決定ができるようになる．その結果，力強い経済の再起動を支えることができる．

人口の安定化

　今から一世代のうちに，地球の人口はおそらく 90 億人を下回る水準でピークを迎え，今世紀後半には減少し始める．この人口の安定化が，経済的な安定の実現とジェンダー平等を促進することを通して，公平かつ公正で人々に支持されるような方法で実現されれば，人類の歴史上で最も重要な成果のひとつとなるだろう．

住みよい地球

　もし私たちが，今日から取り組みを始めて，2050 年までに地球を安定させるために全力を尽くすならば，私たちの将来はより平和で，より豊かで，より安全なものになる．先延ばしすればするほど，将来はより危ういものになる．われわれの提案は，変化に適応し回復力のある社会を比較的安定した地球上に築くこと，すなわち住みよい地球における未来の確保である．いずれにせよ，この本はそれらの「システム全体の変革」への呼びかけに応えるものである．

私たちの未来を取り戻す

　私たちが獲得できるのは，何よりも私たち自身の未来である．活力ある経済の基盤は，お金でもエネルギーでも貿易でもない．それは，より良い未来への希望を持つ楽観的な人々であり，そのような未来を作り出すためのさまざまな手段である．

「万人のための地球」は思ったよりも近くにあるか？

　もしあなたがこのような変革の大きさに圧倒されたとしたら，あなたもわれわれの仲間だ．あなたは，おそらく，巨岩を押しながら丘を登るかのように感

じているかもしれない．それについては良い知らせがある．確かに，私たちは巨岩を押さなくてはならない．しかし，巨岩を押すのが上り坂ではなく，下り坂であったとしたらどうだろう？　その巨岩が動き出しさえすれば，後は重力の力が助けてくれるとしたらどうだろうか？

　われわれは，社会の至るところで，転換点を迎えつつあると信じている．実際のところ，社会運動，新たな経済理論，技術の発展，政治行動という 4 つの力は，自己強化的な好循環，すなわち『万人のための地球』が描く世界に私たちを導く方向で社会が転換点をこえていけるよう，すでに協調している．

社会運動——未来の声

　2018 年，グレタ・トゥンベリは，学校からスウェーデンの国会議事堂前に移り，ストライキを始めた．気候変動への無策に対する彼女の抗議は，世界中の若者の共感を得た．どこからともなく，未来は大きな憤りの声を上げた．同じ頃，別のさまざまな運動が巻き起こり，勢いを増していった．ミートゥー（#MeToo）運動，ブラック・ライブズ・マター（Black Lives Matter），サンライズ・ムーブメント（Sunrise Movement），エクスティンクション・レベリオン（Extinction Rebellion）などであり，社会の関心もいつになく高まった．これらの高揚した運動は世論を形成し，政治家は姿勢を正し，実存するリスクに対して初めて体系的なアプローチを取らざるを得なくなった．

経済的な転換点を通過する

　システム全体の変革に反対する人々は，長い間，変革にはコストがかかりすぎると主張してきた．しかし，最近では，その主張の背後にあるロジックは通用しなくなった．多くの場所で，石炭火力発電所を稼働し続けるよりも，太陽光パネルを設置する方が安くなった．しかも，それは年々さらに安価になっている．風力発電のコストも急激に下がっている．歴史上もっとも安価な電源は，今や再エネである．クリーンエネルギーを推進する強い経済政策がなくても，その移行は不可避であり，ほんの数年前に行われた多くの予測よりも早い時期に実現することになろう．だからと言って，私たちはここで遅れをとる余

裕はない．

技術——破壊的変化が起きつつある

　第四次産業革命が進行中であり，この 10 年でさらに加速するだろう．デジタル化，自動化，人工知能，機械学習などの技術が，すべての産業に破壊的な影響を及ぼし，製品に対する需要を変え，仕事の性格を変え，予想もできないような形で社会を変える．この技術革命は，うまく活用し適正な方向づけができれば，エネルギー需要を劇的に低減し，食料を持続的に供給し，働き方や生活様式の変容を通じたジェンダー平等の向上に寄与し，そしてより多くの人々をグローバル経済に結び付けて貧困を削減することができる．

政治的な推進力の加速

　政治家は，若者の運動，新たな経済理論，技術的ブレークスルーにより推進される新しいナラティブに目覚め始めている．今や，ほとんどの主要経済国は，2050 年までにネットゼロ排出を実現することを約束している（中国は2060 年，インドは 2070 年）．フィンランド，アイスランド，ニュージーランド，スコットランド，ウェールズのように，ウェルビーイング経済を導入している国や地域もある．欧州のグリーンニューディールは，将来のゼロカーボン社会への公平で公正な移行を約束している．スペインのように，石炭関連労働者の保護のために移行期における再教育に投資している国々もある．米国においても，グリーンニューディールが，公平で公正な移行という原則のもとで構想され，その勢いを増している．中国の生態文明は，自然と調和した社会を基礎とした深遠で長期的な経済のナラティブである．まさに今こそ，劇的な方向転換に取り組む時である．

　このようないくつかの社会の転換点を踏まえると，私たちが押すべき巨岩は，あと大きなひと押しさえあれば，それ自身の止められない勢いによって，本当に動き出すかもしれない．そして，巨岩の一押しに加勢してくれる手は，実は極めてたくさんあることが判明した．「万人のための地球」構想を始めた時，われわれは Ipsos MORI という市場調査会社に G20 各国[1]を対象とする大

規模な国際的調査を依頼した．Ipsos MORI は，対象国全体で約 2 万人に対して調査を行った．結果は極めて有益で，希望の光さえも与えてくれるものであった．世界は破局に向かって夢遊病者のようにさまよっているわけではない．以下に示すように，人々は現状なりゆき（BAU）に伴う巨大なリスクを，十分に認識していることが明らかとなった．

- G20 諸国全体で，5 人中 3 人（58%）が地球の現状について「極めて心配」または「とても心配」している．さらに多くの人が，将来を懸念している．懸念が最も高いのは，女性（62%），25 歳から 34 歳の若者（60%），高学歴者，高所得者，および出身国に強いアイデンティティを持つ人よりも地球市民としての意識の強い人である．

- 4 人中 3 人（73%）が，人間活動のために地球が転換点に近づきつつあると信じている．インドネシアやブラジルの熱帯雨林のように，現在開発の脅威にさらされている大規模で重要な生態系の近くに居住する人は，そのような意識がより強い．

- 人々は，地球のより良い管理人になりたいと思っているか？　自然と気候を守るためにより多くのことを行う意思があるか？　これらの質問に対し「イエス」と回答したのは，これもまた圧倒的で，83% にも上った．つまり，世界の主要国のほとんどの人々は，自然を守り回復するためにより多くの貢献をしたいと強く望んでいるのである．ただし，彼らがそのための費用を率先して支払うわけではない．

　この調査において最も驚くべき結果は，「利益や経済成長のみの追求よりも，ウェルビーイング，健康，地球の保護を優先するために，経済システムを変革すべきと思うか？」という問いに対する回答であった．またしても，回答は「イエス」の圧勝であり，G20 諸国で 74% の人が，国の経済的優先順位は，単なる利益と富の増大をこえて，人間のウェルビーイングと生態系の保護にもっと焦点を当てるべきであるという考え方を支持した．この考え方は，G20 のすべての国でおしなべて高い比率を占めた．とくに，インドネシア（86%）において高く，米国（68%）のように最も比率の低い国においても，人々は変革を支持していることが明らかとなった．

湧き上がる声

　この本で紹介した解決策は，あらゆる場所で社会の大変革を必要とする．政府や国際機関，あるいは民間や金融部門で責任を負っている人は，すでにこの変革の熱心なリーダーになる特権的な立場にある．しかし，究極的には，解決策は大部分がマクロ経済に関するものであり，実現のためには政府が新しい政策を立案することが必要となる．累進課税，市民ファンドの創設，IMF の再設計，エネルギーシステムの変革のような課題については，それらを必要な規模で実施することは，個人はもちろん，銀行や大企業でさえ，その能力をこえているからである．（「15 の政策提言」のコラムを参照．）

---

15 の政策提言

貧困

- IMF が，SDRs を活用して，低所得国のグリーン雇用の創出のための投資として，年間 1 兆ドル以上を配分することを認める．
- 一人当たりの所得が 1 万ドル未満の低所得国に対するすべての債務を帳消しにする．
- 低所得国の成長途上にある幼稚産業を保護し，低所得国間の南南貿易を促進する．知的財産権の制約を含めた技術移転の障壁を除去し，再エネや医療技術へのアクセスを改善する．

不平等

- 上位 10% の富裕層に対して，彼らの所得が国民所得の 40% 未満になるまで増税を行う．世界は強力な累進課税を必要としている．そして，国際的な抜け穴を塞ぐことは，世界を不安定にする不平等や，炭素・生物圏の浪費に対処するために不可欠である．
- 労働者の権利を強化するための法整備を行う．重大な変革の時代にお

いては，労働者は経済的な保護を必要とする．

- 市民ファンドを導入する．これによって，すべての市民が，課金・配当制度を通じて，国家の収入と富，グローバルコモンズから正当な配分を受け取る．

ジェンダー平等

- すべての女児と女性に教育機会を提供する．
- 雇用と指導的地位におけるジェンダー平等を実現する．
- 十分な年金を提供する．

食料

- 食品ロス・廃棄の削減のための法整備を行う．
- 再生型農業と持続的集約化のための経済的インセンティブを拡大する．
- プラネタリーバウンダリーを尊重した，健康的な食事を促進する．

エネルギー

- 化石燃料を直ちにフェーズアウトし，省エネと再エネを拡大する．新たな再エネへの投資を直ちに 3 倍に増やし，年間 1 兆ドル超とする．
- 電化を徹底する．
- エネルギー貯蔵への相当規模の投資を行う．

　最後に，行動を呼びかけたい．変化は途方もなく遅く見え，時には，一世代かかりそうに思えることもある．しかし，必ずしもそうとは限らない．2007年から 2009 年にかけて発生した世界的な金融危機は，極めて急速な政治的，経済的変化を促し，より衝撃に強い銀行システムを構築した．また，コロナ禍によって，一夜にして人々の行動やビジネスモデルに変化が引き起こされた．これらの例は，これからの 10 年間で，歴史上最も急速な経済変革が起き得るという希望を与えてくれる．

　私たちは皆，関係する市民として，人類として，未来を大切にする人間として，この変革を支えるために果たすべき役割を持っている．政治家は国民の声に応じる必要がある．われわれが提唱している道筋が，止められない勢いを得るためには，民衆の行動と一斉に湧き上がる声が必要である．憤りと楽観に基づいたさまざまな運動によるムーブメントが必要である．すべての家庭，学校，大学，町や都市において，私たちの経済システムをいかにして変革するかについてオープンな対話を始め，ナラティブを変える必要がある．これらは可能であるとわれわれは考えている．結局のところ，それは私たちに共通のかけがえのない価値を守ることであり，私たちの家族や子どもや愛する人々に住処を用意することであり，ひとりひとりの人間の尊厳を保証することであり，住みよい地球での未来に期待を持つことであるのだから．

　政府に対する行動の呼びかけは次の通りである．すなわち，5つの劇的な方向転換とそれに付随する政策のレバーの実施を約束すること．そして以下は，これらの方向転換を進めるための勢いを創り出すための呼びかけである．

- 対立を抑えること．社会的結束を向上させること．共通の基盤を見出すこと．さもないと，民主主義は失われる．
- 富をより公平に共有すること．市民ファンドや「普遍的基礎配当」は多様な便益をもたらす．このような施策は多数の人々から支持を得ることができる．有害な汚染を減らし，混乱する時代においても市民を守ってくれるからである．
- 将来世代の利益のために行動し，現役世代が将来世代のことを考えるよう保証する制度を構築すること．
- 進歩を測る物差しを変え，金銭的成長よりもウェルビーイングを尊重すること．
- 社会で真に問題となっている事項について，市民との関りを持つこと．
- 変革についての長期的なコミットメントと投資が織り込み済みであるという明確なシグナルを市場に送ること．これによって，変革に対する経済的な楽観主義が形成される．

市民に対する行動の呼びかけは以下の通りである．

- 運動に参加すること！
- 将来を重視する政治家に投票すること.
- どこにいようとも，来るべき経済変革が，あなたやあなたの家族，そして仕事や人生にどのような影響を及ぼすかについて対話を始めること．あなたはその変革から恩恵を得ることができるだろうか？　あなたのキャリアや教育をいかに向上させることができるだろうか？　この社会変革は，あなたの夢を追うこと，進路を変えることの契機になるだろうか？
- あなたの住む都市や町あるいは村で，経済システムの変革に関する市民会議の開催を要求すること．市民会議は，気候変動のような困難で対立的な政治課題に対処するために使われてきた．市民会議は対立を和らげ，新鮮なアイデアや視点を持ち込むのに役立つ．政治家にきちんと問題を取り上げさせるために，最も刺激的な方法のひとつであると信じている.
- あなたの住む地域や国の政治家に対して，私たちの社会が「万人のための地球」に近づくように行動するよう要請すること.

　民族，文化，社会を問わず，あらゆる場所の人々が将来について心配し，不安に感じている．しかし，私たちは2つの共通点を持っている．それは，私たちは皆，将来を大切なものと思っていること，そして大多数の人々が変化を望み，変化のための支援を望んでいること，この2つである．もし本書が何らかの役割を果たすなら，努力して目指すに値する未来がそこにあると確信していただけることでありたいと願っている．その未来は，影のない明るい理想郷のようなものではない．しかし，本書で議論した道筋は，驚きに満ち，自由自在で，限りなく創意に富み，しばしば混乱もするが，真にグローバルな私たちの文明を，比較的安定した地球上で長期的に確保する可能性が最も高い道であると確信している.

Earth4All モデル

　方法論的かつ専門的視点から洞察を行う誰もが知っている通り，未来はまだ存在せず，未来からの証拠に基づくデータも（その時に至るまでは）存在し得ない．

　したがって，シナリオは未来についての物語である．それらはもっともらしいが不確かな話である．そして，未来が示す数字はその物語のメタファー（隠喩）であり，何かあらかじめ決められた現実についての絶対的な真実ではない．これらの数字は，私たちが現在行う決定に影響を与えるよう意図された，未来に関するサウンドバイト（短いメッセージ）である．

　もちろん，これは気候変動や人口動態，そして遠い未来の事柄について計算し，評価や予測を行うすべてのモデルに当てはまる．

　この章では，本書のプロジェクト分析で用いた「小出し手遅れ」シナリオ，「大きな飛躍」シナリオなどの可視化に役立った Earth4All モデルについて紹介する．ぜひ，データにアクセスして，実際にモデルを使ってみることをお勧めしたい．

モデルの目的

　Earth4All モデルは，有限な惑星である地球において，今世紀中の人類のウェルビーイング実現を追究するために開発された，システムダイナミクスに

基づくコンピュータモデルである．人口，貧困，GDP，不平等，食料，エネルギーおよびその他の関連する変数について，1980 年から 2100 年までの内部的に一貫したシナリオを生成し，それぞれがどのように影響しあって変化するのかを示すものである．その目的は，地球をプラネタリーバウンダリーの範囲内に維持する豊かな自然の中で，多くの人が高い水準のウェルビーイングを享受できる未来の可能性を高める政策を検討することにある．

　本モデルには，世界平均を計算するバージョン（E4A-global）と世界を 10 地域に分けてそれぞれの発展経路を計算するバージョン（E4A-regional）の 2 つがある．

　本モデルは，可能な限り少ない外生的ドライバーを用いて，1980 年から 2020 年までの歴史の大きな流れを再現するために構築された．外生的ドライバーとは，変数の値がモデルダイナミクスによりモデルの内部で生成されるのではなく，（手動でモデルのスイッチを回すように）モデルの外部から設定されるものである．たとえば，ある国や地域が富裕層への増税を行う場合，このモデルでは，増税という外生的ドライバーが金融システムや国の税収に将来にわたってどのように影響するのかを計算することができる．

　本モデルでは，2022 年の外生的ドライバーの変更の影響を 2100 年まで予測して把握することができる．透明性を高め，わかりやすいモデルとするために，精度は落ちるが，可能な限りあえてシンプルなモデル構造をとっている．

モデルの歴史

　Earth4All モデルは 10 年前から構築が進められてきた．もちろん，『成長の限界』で用いられた World3 モデル，そして 1992 年と 2004 年に発表された続編で用いられた更新版モデルから着想を得ている．ヨルゲン・ランダースとウルリヒ・ゴリュケは，とくに気候非常事態に対応する上で避けられない公共支出の問題など，World3 モデルが効果的に取り上げた現実的な問題を実際に解決する可能性のある投資需要を含んだ新たなシステムダイナミクスモデル構築の取り組みを 2011 年に共同で開始した．システムダイナミクスモデル化には

至らなかったものの，地域化スプレッドシートモデル Earth2 を構築し，2012年に報告書 *2052: A Global Forecast for the Next Forty Years*（『2052：今後40年のグローバル予測』）を発表した[1]．その後数年を経て Earth2 を Earth3 に更新し，それをもとに報告書 *Transformation Is Feasible!* を 2018 年に発表した[2]．これと並行して，Earth2 の気候コンポーネントを今世紀の気候変動に関する本格的なシステムダイナミクスモデルへと進化させ，その成果を 2016 年に発表した[3]．

そしてこの数年，これらの初期モデルを完全に内生化したシステムダイナミクスモデルへと変換する大規模な作業を「万人のための地球」構想のもとで進め，Earth4All モデルとして完成した．

モデルの主要部門

本モデルは，以下の部門から構成されている（地域化版では，各部門が各地域にひとつ設定されている）：

- **人口部門**：出生率と死亡率の変化から総人口，潜在労働力人口，年金生活者の数を推計．
- **生産部門**：GDP，消費，投資，政府支出，雇用を推計．経済は民間部門と公共部門の合計．
- **公共部門**：税収からの公共支出，負債の取引による正味の影響，政府の財とサービスに関する予算の分配（技術進歩と5つの方向転換を含む）を推計．
- **労働市場部門**：資本・産出高比率に基づき，失業率，労働分配率，労働力率を推計．
- **需要部門**：資産家，労働者，公共部門間の所得分配を推計．
- **インベントリ部門**：設備稼働率とインフレ率を推計．
- **金融部門**：金利を推計．
- **エネルギー部門**：化石燃料ベース生産および再エネ生産，化石燃料使用から排出される温室効果ガス量，エネルギーコストを推計．

- **食料・土地部門**：作物生産，農業の環境影響，食料コストを推計．
- **改革遅延部門**：社会的信頼と社会的緊張の関数として，気候変動などの課題へ対応する社会的能力を推計．
- **ウェルビーイング部門**：環境と社会の持続可能性を測るグローバルな指標を推計．「平均ウェルビーイング指数」を含む．

　Earth4All モデルの地域化バージョンでは，世界の発展は 10 の地域（それぞれが同じ構造で表され，各地域の社会経済の発展スタイルに合致するようパラメータ化される）の発展を合計して計算される．モデルの地域化を行った際，多くの SDGs や行動特性が，一人当たりの GDP の関数として体系的に変化していることが明らかになった[4]．同様のことは，貯蓄率，出生率，平均寿命，年金受給年齢，一人当たりのエネルギー使用量，食料消費量，鉱物使用量，年間労働時間などにも当てはまる．

モデルの因果ループ図

　モデル構造の俯瞰図を図 A.1 に示す．
　モデルの基礎となる方程式などの技術的詳細についてはウェブサイト（earth4all.life）で参照可能である．モデルはオープンソース化され，ダウンロードの上，利用可能である．

モデルの斬新性

　すでに数多くのモデルが存在する中で，なぜ新たなモデルを構築するのだろうか？　Earth4All モデルにはどのようなユニークな特徴があるのだろうか？　以下に，地球システムのモデル化が抱える課題解決に向けた Earth4All モデルの 8 つの斬新性を挙げる．

1. **不平等**：民間投資と公共事業活動成果の労働分配率の分配効果を調査し，分配パターンが持続可能な政策策定に関連するという暫定的な証拠を確認

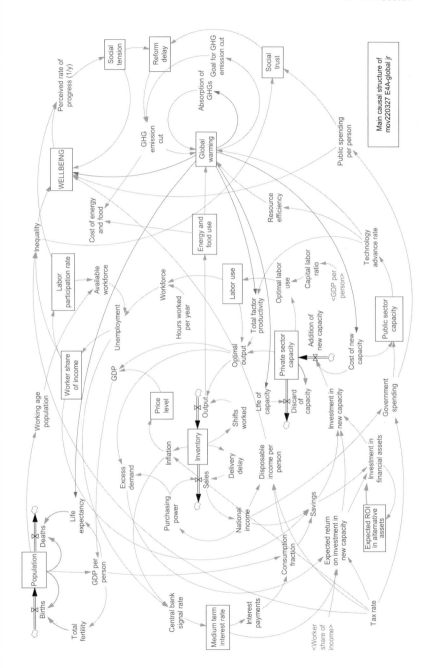

図 A.1　Earth4All モデルの中核構造を構成する主な因果ループ

する[5].

2. **生態学**：主要なプラネタリーバウンダリー（気候，栄養素，森林，生物多様性）に対する経済の広範な影響，経済発展に対する自然の境界の影響，そしてそれらの複雑なフィードバック効果を包含する[6].

3. **公共部門**：インフラ能力を有し，福祉政策と気候変動緩和政策を積極的に進める公共部門をモデル化する[7].

4. **金融**：債務と通貨供給量，中央銀行の金利，企業の資本コストによる影響を包含し，気候目標の実現可能性を検証するために用いられる統合評価モデル（IAM）に金融メカニズムをさらに統合する必要性を示唆する[8].

5. **労働**：10 年周期の失業サイクルとそのマクロ経済的な影響を世界で初めてシミュレーション化する[9].

6. **人口**：国連の統計アプローチとは対照的に，公共支出における投資レベル，教育，所得水準の影響を受ける内生的な人口ダイナミクスを持ち，こうした人口動態部門により既存の IAM を改良する[10].

7. **ウェルビーイング**：平均ウェルビーイング指数（可処分所得，所得格差，政府サービス，気候危機，これまでに認知された進捗の関数として）を統合することで，IAM で初めて，環境の持続可能性と社会的信頼の関係性を示唆し，信頼の低下を公的な意思決定の遅延にリンクさせる[11].

8. **社会的緊張**：顕在化する課題に社会が対応するスピードと強度に影響する「社会的緊張指数」（平均ウェルビーイング指数の変化率として定義されるこれまでに認知された進捗の関数として）を統合する．すなわち，社会的緊張指数の上昇は，社会の分断を招き，気候非常事態のような社会的課題に対する解決策への合意がより困難になることを意味する．

「万人のための地球」ゲーム

　Earth4All モデルは使いやすい直観的なインターフェースとしても無償提供される予定であり，自由にパラメータを設定してモデルを簡単に使うことができる．

　実際にモデルを動かしてみることは，システムダイナミクスの仕組みや，ある変化がどのように他の変化に影響するのかを学ぶのに役立つ．双方向型の授業やグループ活動，市民集会などで本モデルをぜひ活用し，それぞれの未来を創ってみてほしい．

<h1 align="center">注　釈</h1>

監修者まえがき

1. アウレリオ・ペチェイ著（牧野昇訳）『横たわる断層——新しい世界システムへの提言』，ダイヤモンド社，1970.
2. ドネラ・メドウス，デニス・メドウス，ヨルゲン・ランダース，ウィリアム・ベアランズ III 世著（大来佐武郎監訳）『成長の限界』，ダイヤモンド社，1972.
3. エルンスト・フォン・ワイツゼッカー，アンダース・ワイクマン編著（林良嗣・野中ともよ監訳）『Come On! 目を覚そう——環境危機を迎えた「人新世」をどう生きるか?』，明石書店，2019.
4. 飯吉厚夫，野中ともよ，林良嗣編著『ポストコロナ時代をどう拓くのか?——科学・文化・思想の「入亜脱欧」的シフトに向けて』，明石書店，2022.

第 1 章　万人のための地球

1. サハラ以南，南アジア，東南アジア，中国，西欧，東欧と中央アジア，ラテンアメリカ，中東と北アフリカ，太平洋，および米国の 10 地域.
2. 「小出し手遅れ」シナリオでは，産業革命以前の水準と比較して，2100 年までに地球の平均表面気温が 2.5℃ 上昇すると想定されている.
3. これは，Earth4All モデルを構成するすべての仮定から導くことができる大局的な評価である．それは，また，必要な対策のコスト推定に関する他の研究によっても裏付けられている．たとえば以下を参照せよ．the International Energy Agency's *Net Zero by 2050: A Roadmap for the Global Energy Sector* (2021); the Intergovernmental Panel on Climate Change's "Mitigation Pathways Compatible with 1.5°C in the Context of Sustainable Development," Chapter 2 in: *Global Warming of 1.5°C An IPCC Special Report* (2018); Yuval Noah Harari, "The Surprisingly Low Price Tag on Preventing Climate Disaster," *Time* (January 18, 2022); DNV's *Energy Transition Outlook-2021* (Oslo: DNV, 2021); Nicholas Stern's "Economic Development, Climate and Values: Making Policy," *Proceedings of the Royal Society*

282, no. 1812 (August 7, 2015).

4. Chandran Nair, *The Sustainable State: The Future of Government, Economy, and Society* (Oakland, CA: BK Publishers, 2018); Mariana Mazzucato, *Value of Everything* (S. l.: Public Affairs, 2020).

5. Donella H. Meadows et al., *The Limits to Growth: A Report for the Club of Rome's Project on the Predicament of Mankind* (New York: Universe Books, 1972). このレポートは, ローマクラブから委託されたものである. その名称と異なり, ローマクラブは地球規模の問題をシステム思考で分析する国際的なシンクタンクである.

6. Graham M. Turner, "On the Cusp of Global Collapse? Updated Comparison of *The Limits to Growth* with Historical Data," *GAIA-Ecological Perspectives for Science and Society* 21, no. 2 (2012): 116-24; Graham Turner, *Is Global Collapse Imminent?* MSSI Research Paper No. 4, (Melbourne Sustainable Society Institute, University of Melbourne, 2014).

7. Gaya Herrington, "Update to Limits to Growth: Comparing the World3 Model with Empirical Data," *Journal of Industrial Ecology* 25, no. 3 (June 2021): 614-26.

8. Colin N. Waters et al., "The Anthropocene Is Functionally and Stratigraphically Distinct from the Holocene," *Science* 351, no. 6269 (2016).

9. Paul J. Crutzen, "Geology of Mankind," *Nature* 415, no. 6867 (2002): 23.

10. A. Ganopolski, R. Winkelmann, and H. J. Schellnhuber, "Critical Insolation — CO_2 Relation for Diagnosing Past and Future Glacial Inception," *Nature* 529, no. 7585 (2016): 200-203.

11. Will Steffen et al., "The Trajectory of the Anthropocene: The Great Acceleration," *Anthropocene Review* 2, no. 1 (April 2015): 81-98.

12. Will Steffen et al., "Planetary Boundaries: Guiding Human Development on a Changing Planet," *Science* 347, no. 6223 (2015).

13. Lan Wang-Erlandsson et al., "A Planetary Boundary for Green Water," *Nature Reviews Earth & Environment* (2022): 1-13.

14. Timothy M. Lenton et al., "Climate Tipping Points: Too Risky to Bet Against," *Nature* 575 (2019): 592-95; Jorgen Randers and Ulrich Goluke, "An Earth System Model Shows Self-Sustained Thawing of Permafrost Even If All Man-Made GHG Emissions Stop in 2020," *Scientific Reports* 10, no. 1 (2020): 18456.

15. Kate Raworth, *Doughnut Economics: Seven Ways to Think Like a 21st-Century Economist* (VT: Chelsea Green, 2017).

16. Earth4All モデルでは,「ドル」または「米ドル」と書く場合, とくに断りのない限り, 購買力平価（PPP）で測定された, 実際の 2017 年の米ドルの価格を指し, これは変化しない. この場合, 2017 年の購買力平均「1 万 5000 ドル」であるが, それはペンワールドテーブル（v. 10）に基づき換算したものである.

17. Dr. Mamphela Ramphele (2022), Deep Dive paper, *Global Equity for a Healthy Planet*, earth4all.life/resources で参照できる.

18. Emily Elhacham et al., "Global Human-Made Mass Exceeds All Living Biomass,"

Nature 588, no. 7838 (December 2020) : 442-44.

19. Paul Fennell et al., "Cement and Steel : Nine Steps to Net Zero," *Nature* 603, no. 7902 (March 2022) : 574-77.

20. 同上.

21. アルゼンチン, オーストラリア, ブラジル, カナダ, 中国, フランス, ドイツ, 英国, インド, インドネシア, イタリア, 日本, メキシコ, ロシア, サウジアラビア, 南アフリカ, 韓国, トルコ, 米国.

第 2 章　「小出し手遅れ」か「大きな飛躍」か

1. Randers et al. (2022), *The Earth4All Scenarios* Technical report, earth4all.life/resources を参照のこと.

2. 詳細については weall.org を参照せよ.

3. David Collste et al., "Human Well-being in the Anthropocene : Limits to Growth," *Global Sustainability* 4 (2021) : e30.

4. Manfred A. Max-Neef, *Human Scale Development : Conception, Application and Further Reflections* (NY : Apex, 1991) ; Len Doyal and Ian Gough, "A Theory of Human Needs," *Critical Social Policy* 4, no. 10 (1984) : 6-38.

5. Richard Wilkinson and Kate Pickett (2022), Deep Dive paper, *From Inequality to Sustainability*, earth4all.life/resources で参照できる.

6. Jon Reiersen, "Inequality and Trust Dynamics," in *Disaster, Diversity and Emergency Preparation*, ed. Leif Inge Magnussen (NATO/IOS Press, 2019).

7. L. Chancel et al., *World Inequality Report 2022* (World Inequality Lab, 2021) を参照のこと.

8. Eric Lonergan and Mark Blyth, *Angrynomics* (Newcastle upon Tyne, UK : Agenda, 2020).

9. Earth4All モデルの「小出し手遅れ」シナリオは, IPCC の Shared Socio-economic Pathway ("IPCC SSP2-4.5") の中の "Middle of the road" シナリオに近い気候軌道を持っている. Malte Meinshausen et al., "The Shared Socio-Economic Pathway (SSP) Greenhouse Gas Concentrations and Their Extensions to 2500," *Geoscientific Model Development* 13, no. 8 (August 13, 2020) : 3571-3605 を参照のこと.

10. 課金 (fee) と配当 (dividend) の詳細は, 不平等の方向転換に関する第 4 章, ウェルビーイング経済に関する第 8 章, Deep Dive ペーパー (Ken Webster (2022), *The Long Road to a Social Dividend* (earth4all.life/resources)) を参照のこと.

11. Ngũgĩ wa Thiong'o, *Decolonizing the Mind : The Politics of Language in African Literature* (London, Nairobi : J. Currey Heinemann Kenya [etc.], 1986).

第 3 章　貧困との訣別

1. IRP et al., *Global Resources Outlook 2019 : Natural Resources for the Future We Want* (UNEP/IRP, 2019).

2. B. Bruckner et al., "Impacts of Poverty Alleviation on National and Global Carbon Emissions," *Nature Sustainability* 5 (April 2022): 311-20.

3. Henry A. Giroux, "Reading Hurricane Katrina: Race, Class, and the Biopolitics of Disposability," *College Literature* 33, no. 3 (2006): 171-96.

4. Nishant Yonzan, Christoph Lakner, and Daniel Gerszon Mahler, "Projecting Global Extreme Poverty up to 2030," *World Bank Blog* (October 9, 2020).

5. Masse Lô (2022), *Growth Within Limits Through Solidarity and Equity*, Earth for All Deep Dive paper, earth4all.life/resources で参照できる.

6. K. Sahoo and N. Sethi, "Impact of Foreign Capital on Economic Development in India: An Econometric Investigation," *Global Business Review* 18, no. 3 (2017): 766-80; S. Sharma et al., "A Study of Relationship and Impact of Foreign Direct Investment on Economic Growth Rate of India," *International Journal of Economics and Financial Issues* 10, no. 5 (2020): 327; A. T. Bui, C. V. Nguyen, and T. P. Pham, "Impact of Foreign Investment on Household Welfare: Evidence from Vietnam," *Journal of Asian Economics* 64 (October 2019): 101130.

7. J. Zheng and P. Sheng, "The Impact of Foreign Direct Investment (FDI) on the Environment: Market Perspectives and Evidence from China," *Economies* 5, no. 1 (March 2017): 8.

8. World Bank (2022), "International Debt Statistics | Data."

9. Paul Brenton and Vicky Chemutai, *The Trade and Climate Change Nexus: The Urgency and Opportunities for Developing Countries* (Washington, DC: World Bank, 2021).

10. "Lawrence Summers' Principle," ejolt.org/2013/02/lawrence-summers'-principle.

11. Jayati Ghosh et al. (2022), Deep Dive paper, *Assigning Responsibility for Climate Change: An Assessment Based on Recent Trends*, Political Economy Research Institute, University of Massachusetts Amherst, US の共著者らとの共同執筆, earth4all.life/resources で参照できる.

12. Jayati Ghosh "Free the Money We Need," Project Syndicate (February 14, 2022).

13. 最近の重要な事例として, 新型コロナワクチンのアフリカへの供給に消極的な製薬会社の姿勢が挙げられる. Madlen Davies, "COVID-19: WHO Efforts to Bring Vaccine Manufacturing to Africa Are Undermined by the Drug Industry, Documents Show," *BMJ* 376 (2022): o304 を参照のこと.

14. Anuragh Balajee, Shekhar Tomar, Gautham Udupa, "COVID-19, Fiscal Stimulus, and Credit Ratings," *SSRN Electronic Journal* (2020).

15. "Home — Commission of Inquiry into Allegations of State Capture," 2022 年 4 月 7 日閲覧, statecapture.org.za.

第 4 章　不平等の方向転換

1. 税制に加え, 民間投資を社会的目標に合致させ, 過度な集中を防ぎ, 大企業による独占的行動やレントシーキング (超過利益の追求) を減らすために, 市場や投

資家の行動に対する規制が急務である.

2. L. Chancel et al., *World Inequality Report 2022* (World Inequality Lab, 2021).
3. Michael W. Doyle and Joseph E. Stiglitz, "Eliminating Extreme Inequality: A Sustainable Development Goal, 2015-2030," *Ethics & International Affairs* 28, no. 1 (2014): 5-13.
4. Wilkinson and Pickett (2022), Deep Dive paper, *From Inequality to Sustainability*, earth4all.life/resources で参照できる.
5. Chancel et al., *World Inequality Report 2022.*
6. Wilkinson and Pickett (2022).
7. Chancel et al., *World Inequality Report 2022.*
8. Oxfam (September 21, 2020), Media Briefing, "Confronting Carbon Inequality: Putting Climate Justice at the Heart of the COVID-19 Recovery."
9. Chandran Nair (2022), Deep Dive paper, *Transformations for a Disparate and More Equitable World*, earth4all.life/resources で参照できる.
10. Alex Cobham and Andy Sumner, "Is It All About the Tails? The Palma Measure of Income Inequality," Center for Global Development Working Paper No. 343, *SSRN Electronic Journal* (2013).
11. Chris Isidore, "Buffett Says He's Still Paying Lower Tax Rate Than His Secretary," *CNN Money* (March 4, 2013).
12. Lawrence Mishel and Jori Kandra, *CEO Pay Has Skyrocketed 1,322% Since 1978* (Economic Policy Institute, August 10, 2021).
13. Climate Leadership Council, "The Four Pillars of Our Carbon Dividends Plan," 2022 年 3 月 31 日 閲 覧；"Opinion | Larry Summers: Why We Should All Embrace a Fantastic Republican Proposal to Save the Planet," *Washington Post* (February 9, 2017), 2022 年 3 月 31 日閲覧.

第 5 章 エンパワメントの方向転換

1. Mariana Mazzucato, "What If Our Economy Valued What Matters?" Project Syndicate (March 8, 2022).
2. L. Chancel et al., *World Inequality Report 2022* (World Inequality Lab, 2021).
3. Max Roser, "Future Population Growth," Our World in Data (2022).
4. Wolfgang Lutz et al., *Demographic and Human Capital Scenarios for the 21st Century: 2018 Assessment for 201 Countries* (Publications Office of the European Union, 2018)；他に Callegari et al. (2022), *The Earth4All Population Report to GCF*, earth4all.life/resources でも参照できる.
5. Jumaine Gahungu, Mariam Vahdaninia, and Pramod R. Regmi, "The Unmet Needs for Modern Family Planning Methods among Postpartum Women in Sub-Saharan Africa: A Systematic Review of the Literature," *Reproductive Health* 18, no. 1 (February 10, 2021): 35.
6. UNESCO, *New Methodology Shows 258 Million Children, Adolescents and Youth Are*

Out of School, Fact Sheet no. 56 (September 2019).

7. Ruchir Agarwal, "Pandemic Scars May Be Twice as Deep for Students in Developing Countries," *IMFBlog* (February 3, 2022).

8. Dr. Mamphela Ramphele (2022), Deep Dive paper, *Global Equity for a Healthy Planet*, earth4all.life/resources で参照できる.

9. Sarath Davala et al., *Basic Income: A Transformative Policy for India* (London; New Delhi: Bloomsbury, 2015).

10. Andy Haines and Howard Frumkin, *Planetary Health: Safeguarding Human Health and the Environment in the Anthropocene* (NY: Cambridge University Press, 2021).

第 6 章　食の方向転換

1. Cheikh Mbow et al., "Food Security," in *Climate Change and Land*, IPCC Special Report, ed. P.. R. Shukla et al. (IPCC, 2019).

2. "Hunger and Undernourishment" and "Obesity," Ourworldindata.org, 2022 年 2 月 20 日閲覧.

3. Yinon M. Bar-On, Rob Phillips, and Ron Milo, "The Biomass Distribution on Earth," *Proceedings of the National Academy of Sciences* 115, no. 25 (June 19, 2018): 6506-11.

4. Hannah Ritchie and Max Roser, "Land Use," *Our World in Data* (November 13, 2013).

5. M. Nyström et al., "Anatomy and Resilience of the Global Production Ecosystem," *Nature* 575, no. 7781 (November 2019): 98-108.

6. Bar-On et al., "The Biomass Distribution on Earth."

7. *The Future of Food and Agriculture: Alternative Pathways to 2050* (Food and Agriculture Organization of the United Nations, 2018), 2022 年 3 月 31 日閲覧 ; *Climate Change and Land* (IPCC Special Report), 2022 年 3 月 31 日閲覧.

8. Joe Weinberg and Ryan Bakker, "Let Them Eat Cake: Food Prices, Domestic Policy and Social Unrest," *Conflict Management and Peace Science* 32, no. 3 (2015): 309-26.

9. Rabah Arezki and Markus Bruckner, *Food Prices and Political Instability*, CESifo Working Paper Series (CESifo, August 2011).

10. Lovins, L. Hunter, Stewart Wallis, Anders Wijkman, and John Fullerton. *A Finer Future: Creating an Economy in Service to Life*. Gabriola Island, BC, Canada: New Society Publishers, 2018.

11. Gabe Brown, *Dirt to Soil: One Family's Journey into Regenerative Agriculture* (VT: Chelsea Green, 2018).

12. Mark A. Bradford et al., "Soil Carbon Science for Policy and Practice," *Nature Sustainability* 2, no. 12 (December 2019): 1070-72.

13. T. Vijay Kumar and Didi Pershouse, "The Remarkable Success of India's Natural Farming Movement," Forum Network lecture (January 21, 2021).

14. https://www.rural21.com/fileadmin/downloads/2019/en-04/rural2019_04-S30-31.pdf

15. Johan Rockström et al., "Sustainable Intensification of Agriculture for Human Prosperity and Global Sustainability," *Ambio* 46, no. 1 (February 2017): 4-17.
16. Jules Pretty and Zareen Pervez Bharucha, "Sustainable Intensification in Agricultural Systems," *Annals of Botany* 114, no. 8 (December 1, 2014): 1571-96.
17. Andy Haines and Howard Frumkin, *Planetary Health: Safeguarding Human Health and the Environment in the Anthropocene* (NY: Cambridge University Press, 2021).
18. "Blue Food," *Nature*, nature.com (2021).
19. *The Future of Food and Agriculture.*
20. Sara Tanigawa, "Fact Sheet | Biogas: Converting Waste to Energy," EESI White Papers (October 3, 2017), 2022 年 4 月 7 日閲覧.
21. 規制は少なくとも OECD/ILO Human Rights Due Diligence (HRDD) プロセスの実施を義務付けるべきである.
22. Jules Pretty et al., "Global Assessment of Agricultural System Redesign for Sustainable Intensification," *Nature Sustainability* 1, no. 8 (August 1, 2018): 441-46.
23. Dieter Gerten et al., "Feeding Ten Billion People Is Possible Within Four Terrestrial Planetary Boundaries," *Nature Sustainability* 3 (January 20, 2020): 200-08.
24. Walter Willett et al., "Food in the Anthropocene: The EAT-Lancet Commission on Healthy Diets from Sustainable Food Systems," *Lancet* 393, no. 10170 (2019): 447-92.

第 7 章 エネルギーの方向転換

1. 「炭素の法則」とは，排出が 10 年ごとに半減するという指数関数的な軌跡のことである．デジタル技術分野における指数関数的な軌跡である「ムーアの法則」（コンピュータ能力が 2 年ごとに約 2 倍となる）に由来する.
2. Arnulf Grubler et al., "A Low Energy Demand Scenario for Meeting the 1.5°C Target and Sustainable Development Goals without Negative Emission Technologies," *Nature Energy* 3, no. 6 (June 2018): 515-27.
3. Jason Hickel, "Quantifying National Responsibility for Climate Breakdown: An Equality-Based Attribution Approach for Carbon Dioxide Emissions in Excess of the Planetary Boundary," *The Lancet Planetary Health* 4, no. 9 (September 1, 2020): e399-404.
4. Pierre Friedlingstein et al., *Global Carbon Budget 2021*, Earth System Science Data (November 4, 2021): 1-191.
5. Jayati Ghosh et al. (2022), Deep Dive paper, *Assigning Responsibility for Climate Change: An Assessment Based on Recent Trends*, Political Economy Research Institute, University of Massachusetts Amherst, US の共著者らとの共同執筆，earth4all.life/resources で参照できる.
6. Benjamin Goldstein, Tony G. Reames, and Joshua P. Newell, "Racial Inequity in Household Energy Efficiency and Carbon Emissions in the United States: An Emissions Paradox," *Energy Research & Social Science* 84 (February 1, 2022):

102365.

7. Nate Vernon, Ian Parry, and Simon Black, *Still Not Getting Energy Prices Right: A Global and Country Update of Fossil Fuel Subsidies*, IMF Working Papers (September 2021).

8. Grubler et al., "A Low Energy Demand Scenario."

9. よく詳しくは Janez Potočnik and Anders Wijkman (2022), Deep Dive paper, *Why Resource Efficiency of Provisioning Systems Is a Crucial Pathway to Ensuring Wellbeing Within Planetary Boundaries*, earth4all.life/resources で参照できる.

10. Bill McKibben, "Build Nothing New That Ultimately Leads to a Flame," *New Yorker* (February 10, 2021).

11. Johan Falk et al., "Exponential Roadmap: Scaling 36 Solutions to Halve Emissions by 2030, version 1.5" (Sweden: Future Earth, January 2020).

12. こうした専門家には, スタンフォードの研究者グループ, IEA の Net Zero by 2050, IIASA, EWG & LUT, RMI, RethinkX, Singularity, Rystad, Statnett, Exponential View などが含まれる. Nafeez Ahmed (2022), Deep Dive paper, *The Clean Energy Transformation*, earth4all.life/resources で参照できる.

13. 議論については上記参照.

14. 同上.

15. World Bank Group, *State and Trends of Carbon Pricing 2019* (Washington, DC: World Bank, June 2019): 9-10.

16. Rimel I. Mehleb, Giorgos Kallis, and Christos Zografos, "A Discourse Analysis of Yellow-Vest Resistance against Carbon Taxes," *Environmental Innovation and Societal Transitions* 40 (September 2021): 382-94 を参照のこと.

17. "Economists' Statement on Carbon Dividends Organized by the Climate Leadership Council," Original publication in the *Wall Street Journal*, econstatement.org.

18. Ghosh et al., 2022.

第 8 章　「勝者総取り」資本主義から Earth4All 経済へ

1. Donella H. Meadows, *Leverage Points: Places to Intervene in a System* (Hartland, VT: Sustainability Institute, 1999).

2. Yuval Noah Harari, "The Surprisingly Low Price Tag on Preventing Climate Disaster," *Time* (January 18, 2022).

3. Dr. Mamphela Ramphele (2021), Deep Dive paper, *Global Equity for a Healthy Planet*, earth4all.life/resources で参照できる.

4. Elinor Ostrom, *Governing the Commons: The Evolution of Institutions for Collective Action*, Canto Classics (Cambridge, UK: Cambridge University Press, 2015); Peter Barnes, *Capitalism 3.0: A Guide to Reclaiming the Commons* (San Francisco: Berrett-Kohler, 2014).

5. Club of Rome, China Chapter (2022), "Understanding China"(近刊予定).

6. World Bank, *International Debt Statistics 2022* (Washington, DC: World Bank, 2021).

7. Per Espen Stoknes, *Tomorrow's Economy: A Guide to Creating Healthy Green Growth* (Cambridge, MA: MIT Press, 2021).

8. Wellington Management (August 2021), "Adapting to Climate Change: Investing in the Resiliency Imperative."

9. ほとんどの債務が国内あるいは米国の並外れた特権で保有されている限り，海外では米ドルを保有する需要が無制限にある.

10. Guy Standing, *Plunder of the Commons: A Manifesto for Sharing Public Wealth* (London: Pelican, 2019).

11. "The Commons, the State and the Public: A Latin American Perspective," Daniel Chavez へのインタビュー，Transnational Institute (January 10, 2019).

12. Bauwens, Michel, Vasilis Kostakis, and Alex Pazaitis. *Peer to Peer: The Commons Manifesto*. University of Westminster Press, 2019.

13. Barnes, Peter, *Capitalism 3.0: A Guide to Reclaiming the Commons*, Berrett-Kohler, 2014.

14. Meadows, Donella H. "Places to Intervene in a System," *Whole Earth*, 1997.

第 9 章　今こそ行動を

1. G20：アルゼンチン，オーストラリア，ブラジル，カナダ，中国，フランス，ドイツ，英国，インド，インドネシア，イタリア，日本，メキシコ，ロシア，サウジアラビア，南アフリカ，韓国，トルコ，米国，EU.

付録　Earth4All モデル

1. J. Randers, *2052: A Global Forecast for the Next Forty Years* (VT: Chelsea Green, 2012).

2. J. Randers et al., *Transformation Is Feasible! How to Achieve the Sustainable Development Goals Within Planetary Boundaries* (Stockholm Resilience Center: Stockholm, 2018).

3. J. Randers et al., "A User-friendly Earth System Model of Low Complexity: The ESCIMO System Dynamics Model of Global Warming Towards 2100," *Earth System Dynamics* 7 (2016): 831-50.

4. D. Collste et al., "Human Well-being in the Anthropocene: Limits to Growth," *Global Sustainability* 4 (2021): 1-17.

5. Narasimha D. Rao, Bas J. van Ruijven, Keywan Riahi, and Valentina Bosetti, "Improving Poverty and Inequality Modelling in Climate Research," *Nature Climate Change* 7, no. 12 (2017): 857-62.

6. Michael Harfoot et al., "Integrated Assessment Models for Ecologists: The Present and the Future," *Global Ecology and Biogeography* 23, no. 2 (2014): 124-43.

7. Mariana Mazzucato, "Financing the Green New Deal," *Nature Sustainability* (2021): 1-2.

8. Stefano Battiston, Irene Monasterolo, Keywan Riahi, and Bas J. van Ruijven,

"Accounting for Finance Is Key for Climate Mitigation Pathways," *Science* 372, no. 6545 (2021) : 918-20.

9. Tommaso Ciarli and Maria Savona, "Modelling the Evolution of Economic Structure and Climate Change : A Review," *Ecological Economics* 158 (2019) : 51-64.

10. Victor Court and Florent McIsaac, "A Representation of the World Population Dynamics for Integrated Assessment Models," *Environmental Modeling & Assessment* 25, no. 5 (2020) : 611-32.

11. Efrat Eizenberg and Yosef Jabareen, "Social Sustainability : A New Conceptual Framework," *Sustainability* 9, no. 1 (2017) : 68.

原著者について

サンドリン・ディクソン゠デクレーブは，ローマクラブの共同会長であり，30年以上にわたり，気候変動，持続可能性，イノベーション，そしてエネルギーの各分野で主導的役割を果たしている．GreenBiz 誌において，低炭素経済への変革を推進する最も影響力のある女性 30 人のひとりに選ばれている．政策アドバイザー，ファシリテーター，TED スピーカー，教師としても活躍．著書に *Quel Monde Pour Demain?* がある．

オーウェン・ガフニーは，チェンジメーカー，戦略立案者，作家，映画製作者であり，また，ストックホルム・レジリエンス・センターおよびポツダム気候影響研究所で，地球の持続性に関するアナリストを務めている．Exponential Roadmap Initiative の共同創設者であり，BBC，Netflix，TED，世界自然保護基金（WWF）および世界経済フォーラムなどによる，マルチメディアやドキュメンタリーの執筆，制作，助言を行っている．

ジャヤティ・ゴーシュは，国際的に著名な開発経済学者であり，マサチューセッツ州立大学の教授を務めている．19 の著書（編書を含む）と 200 本近くの学術論文を執筆し，国内外でいくつかの賞を受賞．数多くの国際委員会で委員を務めるほか，多様なメディアへ定期的に寄稿している．

ヨルゲン・ランダースは，BI ノルウェー・ビジネス・スクールの名誉教授（気候戦略分野）である．経済，環境そして人類のウェルビーイングが交差する部分の研究に関する世界の第一人者であり，1972 年に発表された *The Limits to Growth*（『成長の限界』），そして 30 年後の続編 *Limits to Growth: The 30-Year Update*（『成長の限界　人類の選択』）の共同執筆者である．著書に *2052: A Global Forecast for the Next Forty Years*（『2052：今後 40 年のグローバル予測』），共著に *Reinventing Prosperity*, *Transformation Is Feasible!* がある．

ヨハン・ロックストロームは，ポツダム気候影響研究所長である．「プラネタリーバウンダリー（planetary boundaries）」の枠組みを提唱した科学者の研究チームを主導．TED での講演は 500 万回以上再生されている．ロックストロームの主導する「プラネタリーバウンダリー」は，デビッド・アッテンボローがナレーションを務めた Netflix のドキュメンタリー *Breaking Boundaries*（地球の限界："私たちの地球"の科学）の主題となっている．

ピア・エスペン・ストックネスは，BI ノルウェー・ビジネス・スクールの持続可能性・エネルギーセンターを率いている．TED スピーカーであり，ノルウェー議会議員（2017～2018 年）を務めたほか，クリーンエネルギー企業を共同で設立．著書に *Tomorrow's Economy*, *What We Think About When We Try Not to Think About Global Warming* などがある．

訳者あとがき

　本書は，地球規模のさまざまな脅威に直面する私たちが，2030 年に向けて持続可能な開発目標（SDGs）への進展を加速させ，その先の持続可能な未来に向けて歩みを進めるための有益な指針を与えてくれる．

　本書では具体的に，貧困，不平等，ジェンダー，食料，エネルギーの５つに関する変革を訴えているが，それらは相互に連関しており，究極的には現在の社会経済システムの「劇的な方向転換」という提言につながっている．全体を通じて，スケールの大きな議論の展開，そして次々と提示される斬新なアイデアに圧倒される．本書の議論の中核となっている，人類共有の資源への課税制度とベーシックインカムを組み合わせた「普遍的基礎配当（universal basic dividend）」など，経済，社会，環境問題を統合した新たな概念が数多く示されており，それらにどのような日本語を当てるべきか，議論を重ねながら訳語を創り出した．こうした概念やメッセージを読者にわかりやすく伝える仕掛けもまた秀逸である．４人の少女がアバターとして登場し，「小出し手遅れ」，「大きな飛躍」の２つのシナリオ下でどのような一生を送ることになるのか，「普遍的基礎配当」が少女の人生にどのような影響を与えるのか，あたかもオムニバス映画を見ているかのように述べられている．こうして基本概念のイメージを鮮明にしつつ具体的な変革の議論に導くことで，「劇的な方向転換」という提言を説得力をもって読者に伝えている．

　また，本書の論旨は大胆にも感じられるが，読み進めていくと，社会に対す

る冷静な考察に裏付けされていることがわかる．本書では，公正さと平等を一貫して論点に据えているが，格差の拡大とそれに起因する問題が顕在化する現在の社会において，極めて重要な視点と言える．また，社会の長期的なビジョンを推進する信頼できる積極的な政府の役割を強調するとともに，市民を中心とした多様なステークホルダーの協働も重要なポイントに位置づけている．さらに本書は，刻々と変化する世界の動向を織り込んでもいる．執筆者たちは世界の現状を踏まえた議論を続け，原書の修正が刊行間近まで続いた．訳者泣かせではあったが，ウクライナ危機を踏まえて，食料供給の脆弱性に関する問題が大幅に加筆されるなど，持続可能性に関する議論がダイナミックに展開していくことを知る経験にもなった．また，ジェンダー問題を大きく取り上げていることも特筆すべき点である．主体的かつ経済的に自立する自由と力をすべての人が平等に持つべきという指摘は，誰もがウェルビーイングを享受できる「万人のための地球」に向けた力強いメッセージにつながっている．

　社会経済システムそのものの「劇的な方向転換」には我慢や苦しみを伴う，という先入観があるかもしれない．しかし，本書を通して感じられるのは，柔軟かつ自由な発想で変革に取り組む前向きな姿勢であり，未来への希望である．私たちひとりひとりが，変革を自分事としてとらえ，発想の転換を恐れず，正しい選択を考える．こうした積み重ねが，新たなナラティブを醸成し，社会経済全体のより良い変化につながっていくのかもしれない．本書に託されたメッセージを，日本の読者の皆さまに伝えることができれば幸いである．

　今回，ローマクラブの新しい報告書である本書の翻訳に携わったことは大変光栄であり，全力で翻訳作業を行った．また，各分野の専門家から有益な助言をいただいたほか，翻訳の過程で多くの方がコメントを下さった．ご協力下さった方々，そして丸善出版の立澤正博氏に改めて感謝の意を表したい．

訳者一同

索 引

監 訳
武内和彦（たけうち　かずひこ）
公益財団法人地球環境戦略研究機関（IGES）理事長

監 修
ローマクラブ日本

翻 訳
森秀行（もり　ひでゆき）
IGES 特別政策アドバイザー（第1章，第2章，全体統括）

津高政志（つだか　まさし）
IGES シニアプログラムコーディネーター（第3章）

小野田真二（おのだ　しんじ）
IGES サステイナビリティ統合センターリサーチマネージャー（第4章）

眞鍋由実（まなべ　ゆみ）
IGES 役員秘書（第5章）

渡部厚志（わたべ　あつし）
IGES 持続可能な消費と生産領域プログラムディレクター（第6章）

髙橋健太郎（たかはし　けんたろう）
IGES 気候変動とエネルギー領域副ディレクター（第7章）

伊藤伸彰（いとう　のぶあき）
IGES 統括研究ディレクター／プリンシパルフェロー（第8章）

高橋康夫（たかはし　やすお）
IGES 所長（第9章）

北村恵以子（きたむら　えいこ）
IGES 出版マネージャー（付録，全体調整）

［所属・役職は 2022 年 9 月現在のもの］

Earth for All　万人のための地球
『成長の限界』から 50 年　ローマクラブ新レポート

令和 4 年 11 月 30 日　発　行

監訳者　　武 内 和 彦

発行者　　池 田 和 博

発行所　　丸善出版株式会社
〒101-0051 東京都千代田区神田神保町二丁目 17 番
編集：電話（03）3512-3266／FAX（03）3512-3272
営業：電話（03）3512-3256／FAX（03）3512-3270
https://www.maruzen-publishing.co.jp

© Kazuhiko Takeuchi, The Japanese Association of The Club of Rome, Hideyuki Mori, Masashi Tsudaka, Shinji Onoda, Yumi Manabe, Atsushi Watabe, Kentaro Takahashi, Nobuaki Ito, Yasuo Takahashi, Eiko Kitamura, 2022.

組版印刷・大日本法令印刷株式会社／製本・株式会社 松岳社

ISBN 978-4-621-30767-0　C 3044　　　　Printed in Japan

本書の無断複写は著作権法上での例外を除き禁じられています.